Edition Nachhaltig wirtschaften

Reihe herausgegeben von
Ralf T. Kreutzer, Hochschule für Wirtschaft und Recht
Berlin, Deutschland

Nachhaltigkeit ist heute in aller Munde. Doch es reicht nicht, nur darüber zu reden, man muss auch handeln! Dazu will die **Edition Nachhaltig wirtschaften** einen wichtigen Beitrag leisten – mit **Denkanstößen** und vor allem mit **Handlungsimpulsen**. Neben den für Veränderungsprozesse notwendigen psychologischen, soziologischen und systemischen Grundlagen werden u.a. die Themen nachhaltige Unternehmensführung, Kreislaufwirtschaft, Green Marketing/Green Branding, grüne Finanzstrategien, ethischer Konsum und nachhaltiges Innovationsmanagement diskutiert.

Ralf T. Kreutzer

Die Rollen des Chief Sustainability Officers

Wie Sie Ihre Unternehmensstrategie auf einen nachhaltigen Kurs bringen

Ralf T. Kreutzer
Hochschule für Wirtschaft und Recht
Berlin, Deutschland

ISSN 3004-8516　　　　　　　ISSN 3004-8524 (electronic)
Edition Nachhaltig wirtschaften
ISBN 978-3-658-42748-1　　　ISBN 978-3-658-42749-8 (eBook)
https://doi.org/10.1007/978-3-658-42749-8

Die Deutsche Nationalbibliothek verzeichnet diese Publikation in der Deutschen Nationalbibliografie; detaillierte bibliografische Daten sind im Internet über https://portal.dnb.de abrufbar.

© Der/die Herausgeber bzw. der/die Autor(en), exklusiv lizenziert an Springer Fachmedien Wiesbaden GmbH, ein Teil von Springer Nature 2023
Das Werk einschließlich aller seiner Teile ist urheberrechtlich geschützt. Jede Verwertung, die nicht ausdrücklich vom Urheberrechtsgesetz zugelassen ist, bedarf der vorherigen Zustimmung des Verlags. Das gilt insbesondere für Vervielfältigungen, Bearbeitungen, Übersetzungen, Mikroverfilmungen und die Einspeicherung und Verarbeitung in elektronischen Systemen.
Die Wiedergabe von allgemein beschreibenden Bezeichnungen, Marken, Unternehmensnamen etc. in diesem Werk bedeutet nicht, dass diese frei durch jedermann benutzt werden dürfen. Die Berechtigung zur Benutzung unterliegt, auch ohne gesonderten Hinweis hierzu, den Regeln des Markenrechts. Die Rechte des jeweiligen Zeicheninhabers sind zu beachten.
Der Verlag, die Autoren und die Herausgeber gehen davon aus, dass die Angaben und Informationen in diesem Werk zum Zeitpunkt der Veröffentlichung vollständig und korrekt sind. Weder der Verlag noch die Autoren oder die Herausgeber übernehmen, ausdrücklich oder implizit, Gewähr für den Inhalt des Werkes, etwaige Fehler oder Äußerungen. Der Verlag bleibt im Hinblick auf geografische Zuordnungen und Gebietsbezeichnungen in veröffentlichten Karten und Institutionsadressen neutral.

Einbandabbildung: Rezo Does, concept m

Planung/Lektorat: Angela Meffert
Springer Gabler ist ein Imprint der eingetragenen Gesellschaft Springer Fachmedien Wiesbaden GmbH und ist ein Teil von Springer Nature.
Die Anschrift der Gesellschaft ist: Abraham-Lincoln-Str. 46, 65189 Wiesbaden, Germany

Das Papier dieses Produkts ist recyclebar.

Wie Ihnen dieses Buch beim nachhaltigen Wirtschaften helfen wird

- **Führungsperspektive**: Das erläutert Werk betont, wie Chief Sustainability Officer strategische Entscheidungen für Nachhaltigkeit vorbereiten und umsetzen.
- **Risikomanagement**: Es zeigt auf, wie CSOs ökologische und soziale Risiken erfolgreich managen und dabei auch die ökonomischen Ziele im Blick haben.
- **Innovationstreiber**: Es verdeutlicht die Rolle des CSOs als Treiber von nachhaltigen Innovationen, um u. a. die Potenziale der Kreislaufwirtschaft für das eigene Unternehmen zu erschließen.
- **Stakeholder-Kommunikation**: Es erläutert, wie CSOs die Kommunikation mit Stakeholdern zu Nachhaltigkeitsthemen gestalten sollten, um durch nachhaltiges Agieren einen Wettbewerbsvorteil bei Kunden, Mitarbeitern und Investoren zu erreichen.
- **Nachhaltigkeitskultur**: Es zeigt auf, wie CSOs eine Unternehmenskultur der Nachhaltigkeit fördern.

Vorwort der „Edition Nachhaltig wirtschaften"

Liebe Leserin, lieber Leser,

ich begrüße Sie als Herausgeber der „Edition Nachhaltig wirtschaften" ganz herzlich. In dieser Reihe beleuchten wir die **Notwendigkeit einer nachhaltigen Unternehmensführung** in allen ihren relevanten Aspekten. Aus verschiedenen Perspektiven wird deutlich, dass ein nachhaltiges Agieren weit über ein bloßes Profitstreben hinausgeht. Unternehmen sind heute aus gesellschaftlichen, rechtlichen und zunehmend auch wirtschaftlichen Gründen dazu aufgefordert, gleichzeitig eine **ökologische, soziale und ökonomische Nachhaltigkeit** ihres Handelns sicherzustellen.

In dieser Edition wird eine Vielzahl von Themenbereichen abgedeckt. Diese ranken sich um **grüne Technologie** bis zu **nachhaltigen Unternehmensstrategien**, um die Potenziale der **Kreislaufwirtschaft** zu erschließen. Weitere Werke widmen sich den Themen **Green Marketing** und **Green Branding**. Hierzu werden auch die **psychologischen Grundlagen** beleuchtet, die für einen Bewusstseins- und Verhaltenswandel wichtig sind. Zusätzlich werden Fragen der **Wirtschaftsethik** sowie des **Green Controllings** angesprochen. Darüber hinaus wird diskutiert, wem bei der nachhaltigen Transformation eine besondere Verantwortung zukommt: einem **Chief Sustainability Officer**.

Unsere Welt steht vor großen Herausforderungen! Hier ist an den Klimawandel, soziale Ungleichheiten und die Endlichkeit unserer Ressourcen zu denken. Die Unternehmen spielen bei der Bewältigung dieser Probleme eine entscheidende Rolle. Eine **nachhaltige Unternehmensführung** ist nicht nur ein Imperativ für das Überleben der Unternehmen selbst, sondern sie ist auch für das Überleben der Menschheit unverzichtbar. Die **Zukunft unseres Planeten** hängt davon ab, wie wir heute wirtschaften. Daher hoffen wir, dass diese Edition Sie dazu inspiriert, aktiv an der Gestaltung einer nachhaltigeren Wirtschafts- und Unternehmenslandschaft mitzuwirken. Mit diesem Wissen sind Sie gut gerüstet, um einen positiven Einfluss auf unsere gemeinsame Zukunft auszuüben.

Ich wünsche Ihnen viel Lesespaß – und vor allem ein gutes Händchen bei der Umsetzung!

Ihr

Berlin, Deutschland   Ralf T. Kreutzer

Inhaltsverzeichnis

1	Einführung	1
	Literatur	3
2	Warum benötigen wir einen Chief Sustainability Officer?	5
	2.1 Klimawandel	5
	2.2 Soziale Ungleichheit	8
	2.3 Wirtschaftliche Nachhaltigkeit	8
	2.4 Triple Bottom Line	11
	Literatur	12
3	Die verschiedenen Rollen des Chief Sustainability Officers	15
	3.1 Chief Sustainability Officer als Storyteller	16
	3.2 Chief Sustainability Officer als Rechtsversteher und Rechtsumsetzer	21
	3.3 Chief Sustainability Officer als Impulsgeber	26
	3.4 Chief Sustainability Officer als „Marketing-Dompteur"	33
	3.5 Chief Sustainability Officer als Sustainability-Controller	43
	3.6 Chief Sustainability Officer als Organisationsentwickler	54
	3.7 Chief Sustainability Officer als Change-Manager	57
	Literatur	61
4	Das Haus der nachhaltigen Transformation als Handlungsrahmen	63

5 Welche Unternehmen beschäftigen heute schon einen
   Chief Sustainability Officer? 67
   Literatur 70
6 **Qualifikationsprofil eines Chief Sustainability Officers** 73

Nachhaltige Erkenntnisse 77

Stichwortverzeichnis 79

Über den Autor

Prof. Dr. Ralf T. Kreutzer war von 2005 bis 2023 Professor für Marketing an der Hochschule für Wirtschaft und Recht/Berlin School of Economics and Law. Parallel dazu war und ist er als Trainer, Coach sowie als Marketing und Management Consultant tätig. Zuvor war er 15 Jahre in verschiedenen Führungspositionen bei Bertelsmann (letzte Position Direktor des Auslandsbereichs einer Tochtergesellschaft), Volkswagen (Geschäftsführer einer Tochtergesellschaft) und der Deutschen Post (Geschäftsführer einer Tochtergesellschaft) tätig, bevor er 2005 zum Professor für Marketing berufen wurde.

Prof. Kreutzer hat durch regelmäßige Publikationen und Keynote-Vorträge (u. a. in Deutschland, Österreich, Schweiz, Frankreich, Belgien, Singapur, Indien, Japan, Russland, USA) maßgebliche Impulse zu verschiedenen Themen rund um Marketing, Dialog-Marketing, CRM/Kundenbindungssysteme, Database-Marketing, Online-Marketing, Social-Media-Marketing, Digitaler Darwinismus, Digital Branding, Dematerialisierung, Change-Management, digitale Transformation, Künstliche Intelligenz, Agiles Management, nachhaltige Unternehmensführung, strategisches sowie internationales Marketing gesetzt und eine Vielzahl von Unternehmen im In- und Ausland in diesen Themenfeldern beraten. Zusätzlich ist Prof. Kreutzer als Trainer und Coach im Einsatz.

Seine jüngsten Buchveröffentlichungen sind „Toolbox für Marketing und Management" (2018), „Toolbox for Marketing and Management" (2019), „B2B-Online-Marketing und Social Media (2. Aufl., 2020, zusammen mit Andrea Rumler und Benjamin Wille-Baumkauff), „Voice-Marketing" (2020, zusammen mit Darius Vousoghi), „Die digitale Verführung" (2020), „Kundendialog online und offline" (2021), „Praxisorientiertes Online-Marketing" (4. Aufl, 2021), „Toolbox für Digital Business" (2021), „Social-Media-Marketing kompakt" (2. Aufl., 2021), „E-Mail-Marketing kompakt" (2. Aufl., 2021), „Online-Marketing – Studienwissen kompakt (3. Aufl., 2021), „Online Marketing" (2022), „Digitale Markenführung" (2022, zusammen mit Karsten Kilian), „Praxisorientiertes Marketing" (6. Aufl., 2022), „Toolbox Digital Business" (2022), „Der Weg zur nachhaltigen Unternehmensführung" (2023) sowie „Künstliche Intelligenz verstehen" (2. Aufl., 2023).

Einführung

1

Willkommen an Bord einer aufregenden **Reise zu einer nachhaltigen Unternehmensführung**. Stellen Sie sich vor, Sie steigen in ein Schiff. Ein großer, robuster Ozeandampfer. Sie schauen auf die Fahne, und was sehen Sie? Ein grünes Blatt. Ihr Ziel: die Zukunft. Ihre Mission: **Nachhaltigkeit**. Als Chief Sustainability Officer (kurz CSO) tragen Sie eine enorme Verantwortung. Sie sind Teil der Führungscrew dieses Schiffes. Und Ihr Job? Die Unternehmensstrategie auf Kurs bringen – und zwar auf einen nachhaltigen Kurs.

Ein **CSO** an Bord eines Schiffes ist einer der zentralen Mitarbeiter des Kapitäns (CEO) – verantwortlich für die Ausrichtung des Kurses auf Nachhaltigkeit. Er navigiert durch die komplexen Gewässer der sozialen, ökologischen und ökonomischen Herausforderungen unserer Zeit. Dabei ist sein Ziel klar: alle Aktivitäten nachhaltiger gestalten. Hierbei kann sich der CSO an den *Sustainability Goals der Vereinten Nationen* orientieren, die auch als *Sustainable Development Goals* bekannt sind. Diese Ziele stellen eine globale Agenda für nachhaltige Entwicklung bis 2030 dar. Sie umfassen 17 Ziele, die eine breite Palette von Themen abdecken (vgl. Abb. 1.1).

Für jeden Chief Sustainability Officer sind diese *Sustainable Development Goals* von zentraler Bedeutung. Sie dienen gleichsam als Leitfaden und Rahmenwerk für die Entwicklung und Umsetzung von **Nachhaltigkeitsstrategien**. Diese Ziele helfen dabei, die Auswirkungen des Unternehmens auf soziale, ökologische und wirtschaftliche Aspekte zu bewerten und Verbesserungen vorzunehmen.

Abb. 1.1 *Sustainable Development Goals* der *Vereinten Nationen*. (Quelle: United Nations 2023: The content of this publication has not been approved by the United Nations and does not reflect the views of the United Nations or its officials or Member States)

Darüber hinaus zahlt ein Unternehmen, das die Erreichung der *Sustainable Development Goals* unterstützt, auch für das eigene Image und die eigene Reputation ein. Immer mehr Verbraucher, Investoren und Stakeholder beurteilen Unternehmen nach ihren Beiträgen zu diesen globalen Zielen. Ein CSO muss daher sicherstellen, dass das Unternehmen die Ziele nicht nur versteht und umsetzt, sondern die Mitwirkung an ihrer Erreichung transparent macht. In Summe kann die Einbindung der *Sustainable Development Goals* in die Unternehmensstrategie dazu beitragen, das Geschäft des Unternehmens zukunftsfähig zu gestalten.

Die hier genannten Orientierungspunkte für die unternehmerische Ausrichtung sind allerdings nicht die einzigen, die der Kapitän bei der **Navigation** vor Augen haben muss. Deshalb arbeitet der CSO intensiv mit seinen Kollegen zusammen, um mit dem Kapitän (CEO) über den insgesamt einzuschlagenden Kurs zu entscheiden. Hier können wir an das gesamte **C-Level** denken:

- **Chief Operations Officer** (im Maschinenraum für zuverlässige Prozesse unverzichtbar)
- **Chief Information Officer** (damit die Informationssysteme laufen)
- **Chief Sales Officer** (zur Gewinnung von neuen Kunden)
- **Chief Marketing Officer** (zur Ausrichtung der gesamten Leistung an den Erwartungen der Kunden und weiterer Stakeholder)
- **Chief Financial Officer** (um die wirtschaftliche Nachhaltigkeit sicherzustellen)
- **Chief Human Resources Officer** (sorgt für ein engagiertes, motiviertes und qualifiziertes Personal an Bord)

> **Nachhaltig merken** Der CSO ist ein wichtiger **Teamplayer**. Schließlich kann er die Welt nicht allein besser machen – und auch das Unternehmen nicht allein stärker auf Nachhaltigkeit ausrichten.

Welches sind die wichtigsten **Aufgaben für Sie als CSO**?

- Sie definieren auf Nachhaltigkeit ausgerichtete **Ziele** und **Strategien**.
- Sie überwachen ihre **Umsetzung** und sind als **Coach, Motivator, Impulsgeber** etc. unterwegs.
- Sie **kommunizieren** mit verschiedenen **Stakeholdern** und versuchen, deren oft widersprüchliche Erwartungen und Anforderungen in ein **Nachhaltigkeitskonzept** zu integrieren.
- Sie versuchen, alle Beteiligten für das Thema **Nachhaltigkeit zu begeistern**, indem Sie über die Herausforderungen, die geplanten Aktivitäten und vor allem auch über die schon erreichten Erfolge informieren.
- Sie **monitoren und überwachen die Zielerreichung**, um den Kurs immer weiter auf Nachhaltigkeit auszurichten.

Wie Sie diese Aufgaben erfolgreich erfüllen können, wird in den nachfolgenden Kapiteln erklärt.

Literatur

United Nations (2023) Take action for the sustainable development goals. https://www.un.org/sustainabledevelopment/. Zugegriffen am 10.07.2023

Warum benötigen wir einen Chief Sustainability Officer?

2

Die Welt steht vor immensen Herausforderungen. Der Klimawandel, soziale Ungleichheit und wirtschaftliche Unsicherheiten prägen unsere Zeit. Diese Herausforderungen verlangen nach Lösungen. Eine davon ist die **Rolle des Chief Sustainability Officers**. Doch warum ist dieser Posten gerade heute so entscheidend? Lassen Sie uns einen genaueren Blick auf die großen Herausforderungen werfen, die uns heute begegnen.

2.1 Klimawandel

Der Klimawandel ist eine der größten Bedrohungen für die Menschheit. Die Berichte des *Intergovernmental Panel on Climate Change* (*IPCC*) – auch *Klimarat* genannt – weisen immer wieder auf die alarmierende Beschleunigung der globalen Erwärmung hin (vgl. IPCC 2023). Der *Klimarat* ist eine wissenschaftliche Einrichtung der *Vereinten Nationen*, der die Dringlichkeit des Handelns gegen den Klimawandel betont. Wir sprechen von extremen Wetterereignissen, von zunehmenden Hitzeperioden und Waldbränden, von schmelzenden Eisbergen und einem steigenden Meeresspiegel.

Wie groß der Handlungsbedarf inzwischen ist, kann anhand des **Earth Overshoot Days** – des **Erdüberlastungstags** – deutlich gemacht werden. Diesem liegt ein Konzept zugrunde, das den **ökologischen Fußabdruck der Menschheit** erfasst.

2 Warum benötigen wir einen Chief Sustainability Officer?

Der Erdüberlastungstag ist der Tag des Jahres, an dem die menschliche Nachfrage nach ökologischen Ressourcen und Dienstleistungen die Menge übersteigt, die der Planet innerhalb dieses Jahres regenerieren kann. Es ist im Grunde der Moment, in dem wir beginnen, auf Kredit zu leben – dem **ökologischen Kredit unserer Erde**.

Die Forschungsorganisation *Global Footprint Network* berechnet den Erdüberlastungstag jedes Jahr. Sie verwendet eine Formel, die verschiedene Faktoren berücksichtigt: von den Emissionen von Treibhausgasen über die Menge an Holz und anderen Ressourcen, die wir verbrauchen, bis hin zur Menge an Abfall, den wir produzieren. Es ist alarmierend zu sehen, dass der Erdüberlastungstag in den letzten Jahrzehnten immer früher im Jahr eintritt. 1970 fiel dieser Tag noch auf den 29. Dezember. Hier waren der Verbrauch und die Regeneration von ökologischen Ressourcen perfekt ausgeglichen. Im Jahr 2023 fiel der Erdüberlastungstag weltweit bereits auf den 2. August (vgl. Abb. 2.1; Global Footprint Network 2023). Für Deutschland wurde dieser Tag allerdings schon am 4. Mai 2023 erreicht.

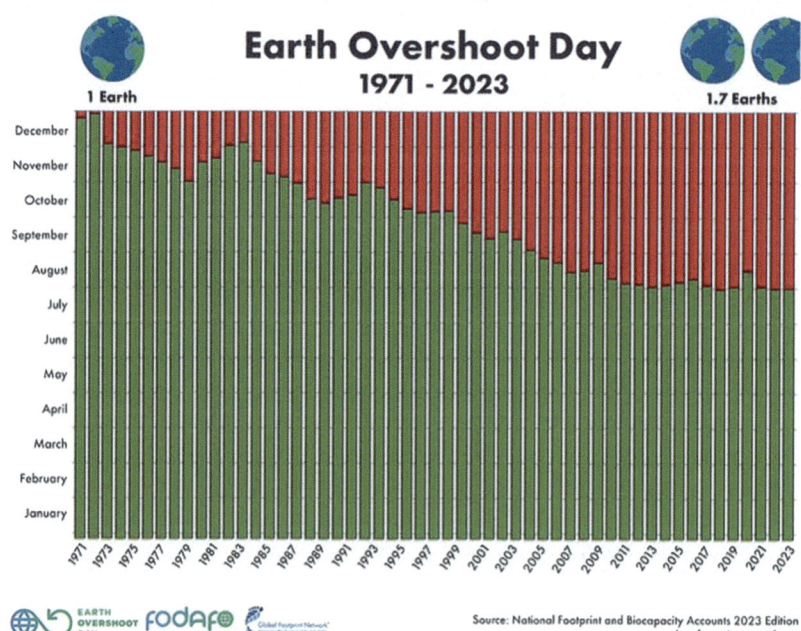

Abb. 2.1 Erdüberlastungstag – Earth Overshoot Day 2023. (Source: Global Footprint Network, www.footprintnetwork.org)

2.1 Klimawandel

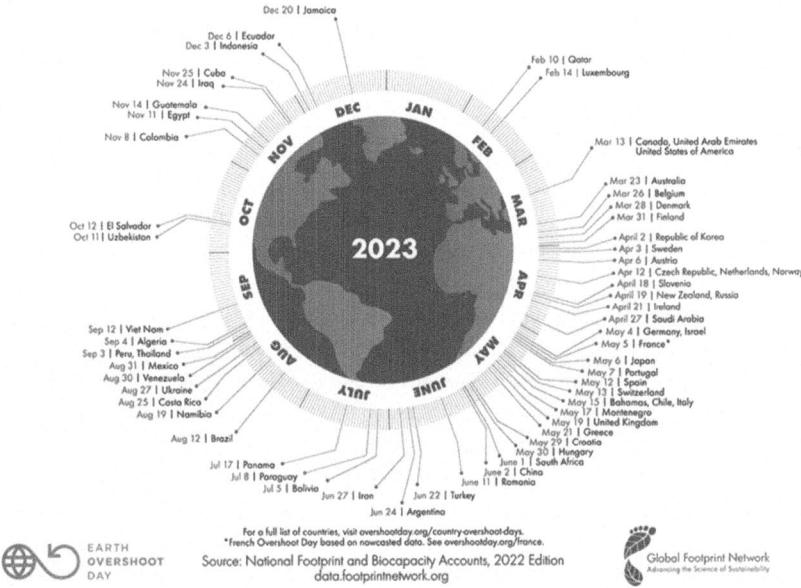

Abb. 2.2 Erdüberlastungstag nach Ländern 2023. (Source: Global Footprint Network, www.footprintnetwork.org)

Auf welchen Tag der Erdüberlastungstag fiele, wenn der **Ressourcenverbrauch auf der ganzen Welt auf der Höhe einzelner Länder** wäre, zeigt Abb. 2.2. Wenn alle Länder so viele Ressourcen verbrauchten wie **Qatar**, würde der Erdüberlastungstag bereits am 10. Februar eines Jahres eintreten. Wenn alle Länder so wenige Ressourcen einsetzen würden wie **Jamaica**, läge der Erdüberlastungstag am 20. Dezember – und damit beinahe bei einem Gleichgewicht von Ressourcenverbrauch und Wiederherstellung der verbrauchten Ressourcen.

Das „**zeitliche Vorrücken**" des globalen Erdüberlastungstags ist ein anschauliches Zeichen dafür, dass unsere derzeitige Lebens- und Wirtschaftsweise nicht nachhaltig ist. Wir verbrauchen Ressourcen schneller, als sie nachwachsen können, und wir erzeugen mehr Abfall und Emissionen, als natürliche Systeme absorbieren können.

▶ **Nachhaltig merken** Der **Erdüberlastungstag** ist ein drastischer **Weckruf**. Dieser Tag zeigt uns jedes Jahr wieder auf, dass wir die Grenzen unseres Planeten überschreiten und dass ein Wandel des Verhaltens aller Akteure dringend notwendig ist.

Unternehmen und insb. CSOs spielen hier eine zentrale Rolle. Sie haben die Möglichkeit und auch die Verantwortung, **nachhaltige Geschäftspraktiken** zu fördern und dadurch dazu beizutragen, den Erdüberlastungstag nach hinten zu verschieben.

2.2 Soziale Ungleichheit

Allerdings ist das Klima nicht das einzige Thema, das ein CSO bei der Erreichung einer nachhaltigen Unternehmensführung vor Augen haben sollte. An vielen Stellen – auch in der unternehmenseigenen Wertschöpfungskette – kann es Fälle von **sozialer Ungleichheit** geben. Die *World Inequality Lab* (2023) berichtet von einer in Teilen der Welt nach wie vor wachsenden Kluft zwischen Arm und Reich. Besonders bedenklich ist, dass das reichste Prozent der Weltbevölkerung fast doppelt so viel Vermögen besitzt wie die ärmere Hälfte der Weltbevölkerung zusammen. Die damit einhergehenden sozialen Spannungen und Instabilitäten sind ein wichtiger Treiber der Migration von vielen Millionen Menschen. Unternehmen sind dazu aufgerufen, in Rahmen ihrer Möglichkeiten zum Abbau von sozialen Ungleichheiten beizutragen.

Des Weiteren besteht ein enger **Zusammenhang zwischen sozialer Ungleichheit und ökologischer Nachhaltigkeit**. Menschen in Armut sind oft am stärksten von Umweltproblemen betroffen, obwohl sie in der Regel am wenigsten zu diesen Problemen beitragen. Gleichzeitig kann eine Verringerung der sozialen Ungleichheit dazu beitragen, den ökologischen Fußabdruck zu reduzieren und nachhaltigere Lebensstile zu fördern. Allerdings muss auch erwähnt werden, dass sich mit einem steigenden Einkommen und einem verbesserten Lebensstandard häufig auch der ökologische Fußabdruck vergrößert.

In diesem Kontext kommt dem Chief Sustainability Officer eine besondere Rolle zu. Der CSO kann dazu beitragen, das Bewusstsein für soziale Ungleichheit zu schärfen und nachhaltige Praktiken zu fördern, die zur Verringerung der Ungleichheit beitragen. Dies kann sowohl innerhalb des Unternehmens, entlang der gesamten Wertschöpfungskette als auch in der breiteren Gesellschaft geschehen.

▶ **Nachhaltig merken** Auch der **Abbau sozialer Ungleichheiten** gehört zum Aufgabenspektrum des CSOs.

2.3 Wirtschaftliche Nachhaltigkeit

Traditionelle Wachstumsmodelle der sogenannten **Linear Economy**, die auf die Ausbeutung natürlicher Ressourcen setzen, sind nicht nachhaltig, weil sie zu einem kontinuierlichen Ressourcenverbrauch führen. Man bezeichnet die Linearwirt-

2.3 Wirtschaftliche Nachhaltigkeit

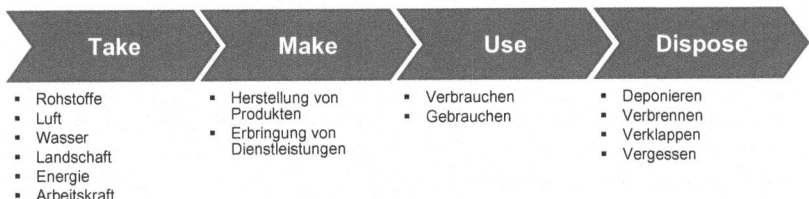

Abb. 2.3: Konzept der Linearwirtschaft – Linear Economy

schaft auch als **Wegwerfwirtschaft**. Hier heißt es schlicht: **Cradle to Grave**. Dies wird mit „von der Wiege bis zur Bahre" bzw. mit „von der Wiege zur Müllhalde für die Ewigkeit" übersetzt. Sowohl der Materialeinsatz als auch die Verarbeitung, der Ge- und Verbrauch und die Entsorgung erfolgen ohne Rücksichtnahme auf einen dauerhaften Erhalt von Ressourcen. Das **Motto der Linearwirtschaft** lautet: Take, Make, Use und Dispose (vgl. Abb. 2.3). Dieses Motto dominierte über viele Jahrhunderte das Handeln der Menschen. Der Umwelt wurden Ressourcen in einem Ausmaß entnommen, als gebe es kein Morgen.

▶ **Nachhaltig merken** Die **Linearwirtschaft** kann mit einem Fluss verglichen werden. Dieser entspringt an der Quelle und findet sein Ende bei der Einmündung ins Meer. Das Wasser kennt dabei nur eine Fließrichtung – dem Meer zu.

Die **Kreislaufwirtschaft** bzw. die **Circular Economy** verfolgt einen Ansatz, der auf Erneuerbarkeit ausgerichtet ist. Das Motto der Kreislaufwirtschaft lautet **Cradle to Cradle** – „von der Wiege bis zur Wiege". Die Kreislaufwirtschaft bildet ein Entwicklungs-, Herstellungs-, Nutzungs- und Wiedergewinnungssystem, um eine Schonung von Ressourcen zu unterstützen. Bereits bei der Gestaltung eines Produkts spielen Nachhaltigkeitskriterien eine wichtige Rolle. Ein **Design für Reuse und Recycling** ist bspw. entscheidend, um die ökologischen Auswirkungen der Produkte am Ende ihres Lebenszyklus zu minimieren. Darüber hinaus kann dies die Kosten für das Recycling senken. Ein recyclingfreundliches Design erleichtert die Integration in weitere Kreisläufe (vgl. grundlegend Stahel 2019).

Zudem gilt es, die bewusste **Verkürzung der Produktlebensdauer** – auch als **geplante Obsoleszenz** bzw. als **geplante Veralterung** bekannt – zu verhindern. Unternehmen versuchen teilweise, die technische Lebensdauer von Produkten zu verkürzen, um die Kunden zu einem frühzeitigen Neukauf zu bewegen. Dieses Vorgehen steht im Widerspruch zum Prinzip der Kreislaufwirtschaft. Außerdem wird auf EU-Ebene über ein **Recht auf Reparatur** diskutiert.

▶ **Nachhaltig merken** Die Kreislaufwirtschaft ermöglicht eine Entkopplung von Wachstum und Ressourcenverbrauch.

Das **Cradle-to-Cradle-Konzept** versucht, Produkte und deren Verpackungen von Beginn an auf biologische und/oder technische Kreisläufe auszurichten. Ziel sind **geschlossene Materialkreisläufe**. Diese werden erreicht, wenn die verwendeten Materialien entweder sicher und vollständig in die Biosphäre zurückgeführt oder in möglichst hoher Qualität wiedergewonnen oder weiterverwendet werden können. Das Herzstück des Cradle-to-Cradle-Konzepts ist die Konzentration auf **Öko-Effektivität** anstelle von bloßer Effizienz, wie Abb. 2.4 veranschaulicht (vgl. EPEA 2023).

Die hier beschriebenen Herausforderungen beeinflussen jeden Einzelnen von uns. Sie betreffen die Art und Weise, wie wir leben, arbeiten und interagieren. Sie betreffen auch Unternehmen, denn sie haben einen erheblichen Einfluss auf die Umwelt. Zudem erwarten Kunden, Mitarbeiter und weitere Stakeholder zunehmend, dass Unternehmen verantwortungsvoll handeln und Nachhaltigkeit in ihre Geschäftsmodelle integrieren.

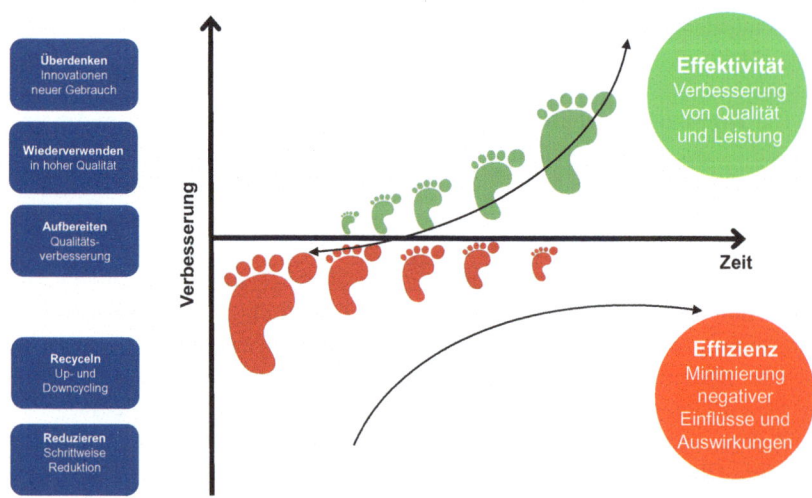

Abb. 2.4 Öko-Effektivität statt Effizienz. (Quelle: In Anlehnung an EPEA 2023)

2.4 Triple Bottom Line

Um die Unternehmensführung gleichzeitig auf die Bewältigung des Klimawandels, die Bekämpfung von sozialer Ungerechtigkeit und die Sicherstellung einer wirtschaftlichen Nachhaltigkeit auszurichten, wurde das Konzept der **Triple Bottom Line** entwickelt. Hierbei geht es um eine **dreifache Bilanz für nachhaltige Wirtschaft** (vgl. Elkington 1999). Dieses Konzept erweitert den traditionellen Reporting-Rahmen um zwei weitere Aspekte: soziale und ökologische Verantwortung. Unternehmen sollen hierdurch ermutigt werden, über die rein finanzielle Dimension (Profit; Shareholder Value) hinaus auch ihre Auswirkungen auf die Gesellschaft (People) und die Umwelt (Planet) zu berücksichtigen. Es geht darum, nachhaltiges Wirtschaftswachstum zu fördern und gleichzeitig finanziell gesund zu bleiben:

- **People**
  Dieser Bereich bezieht sich auf die sozialen Auswirkungen eines Unternehmens. Dazu gehören faire Arbeitsbedingungen, Investitionen in die Gemeinschaft und die Verbesserung der Lebensqualität für die Mitarbeiter und die Gesellschaft insgesamt.
- **Planet**
  Dieser Aspekt betrachtet die Umweltauswirkungen eines Unternehmens. Ziel ist es, die Umweltbelastung zu minimieren und nachhaltige Praktiken in allen Geschäftsbereichen zu fördern.
- **Profit**
  Dieser Aspekt steht für die wirtschaftliche Leistung eines Unternehmens. Es geht darum, nachhaltiges Wirtschaftswachstum zu fördern und gleichzeitig finanziell gesund zu bleiben.

Das **Triple-Bottom-Line-Konzept** motiviert Unternehmen, ihre Leistung auf eine umfassendere und balanciertere Weise zu messen (vgl. Abb. 2.5). Es berücksichtigt, dass Unternehmen nicht isoliert von der Gesellschaft und der Umwelt agieren, in denen sie tätig sind. In diesem Zusammenhang kommt dem CSO eine Schlüsselrolle zu. Er kann dazu beitragen, dieses Konzept im Unternehmen zu verankern, Nachhaltigkeitsziele zu setzen und Maßnahmen zur Erreichung dieser Ziele umzusetzen. Hierdurch kann der CSO auf den Übergang zu einer nachhaltigeren Wirtschaftsweise hinarbeiten.

Angesichts der Dringlichkeit und des Ausmaßes der globalen Herausforderungen ist jetzt die Zeit zu handeln. Die Rolle des CSOs ist in diesem Kontext von entscheidender Bedeutung. **CSOs sind die Architekten von nachhaltigen Unternehmensstrategien.** Sie können Chancen in einer Welt voller Herausforderungen erkennen und nutzen und so den Weg für eine nachhaltige Zukunft ebnen. Die Zukunft hängt davon ab – unsere Zukunft!

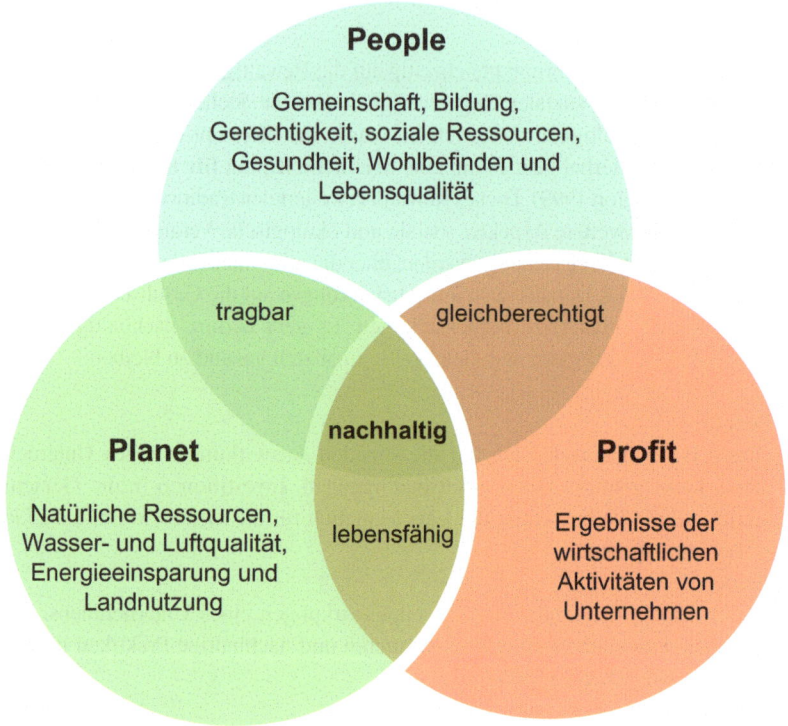

Abb. 2.5 Triple Bottom Line

▶ **Nachhaltig merken** Nachhaltigkeit geht uns alle an. Jeden Einzelnen von uns. Und auch jedes Unternehmen auf dieser Welt. Warum? Weil wir alle auf diesem Planeten leben und **kein Planet B** existiert.

Literatur

Elkington J (1999) Cannibals with forks: the triple bottom line of 21st century business. Gardners Book, Eastbourne

EPEA (2023) Gemeinsam die Welt von morgen gestalten. https://epea.com/ueber-uns/cradle-to-cradle. Zugegriffen am 03.07.2023

Literatur

Global Footprint Network (2023) earth overshoot day 2023. www.footprintnetwork.org. Zugegriffen am 03.07.2023

IPCC (2023) The Intergovernmental Panel on Climate Change. https://www.ipcc.ch/. Zugegriffen am 10.07.2023

Stahel WR (2019) The circular economy: a user's guide. Routledge, Oxfordshire

World Inequality Lab (2023) Empowering civil society, reinforcing democracy. https://inequalitylab.world/en/. Zugegriffen am 03.07.2023

Die verschiedenen Rollen des Chief Sustainability Officers 3

Der Chief Sustainability Officer muss im Unternehmen eine **Vielzahl verschiedener Rollen** einnehmen. Diese zeigt Abb. 3.1. Hier wird sichtbar, dass der CSO als **Storyteller**, als **Rechtversteher und Rechtumsetzer**, aber auch als **Impulsgeber**, als **„Marketing-Dompteur"** und als **Sustainability-Controller** agieren muss. Zu-

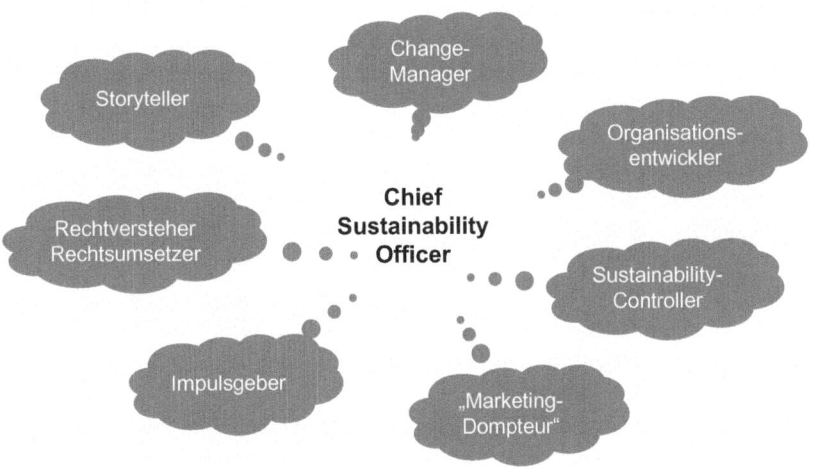

Abb. 3.1 Rollen eines Chief Sustainability Officers

sätzlich wird der CSO als **Organisationsentwickler** und als **Change-Manager** gefordert, um die erforderlichen Veränderungsprozesse im Unternehmen zu initiieren und zu begleiten.

3.1 Chief Sustainability Officer als Storyteller

In einer Welt, die immer mehr auf Nachhaltigkeit und Verantwortung setzt, ist die Rolle des Chief Sustainability Officers wichtiger denn je. Doch nicht nur das bloße Vorhandensein eines CSOs in einem Unternehmen macht den Unterschied, sondern auch, wie er seine Rolle interpretiert und ausfüllt. Eine der Schlüsselrollen eines CSOs ist die eines Storytellers. Für Sie als CSO ist es unumgänglich, dass Sie die **Geschichte der Nachhaltigkeit** in Ihrem Unternehmen erzählen können. Doch warum ist das so?

- **Schaffung von Transparenz**
  Der CSO dient als Bindeglied zwischen dem Unternehmen und den Stakeholdern. Seine Aufgabe ist es, die Nachhaltigkeitsbestrebungen und -erfolge des Unternehmens auf eine Weise zu kommunizieren, die für alle verständlich und nachvollziehbar ist.
- **Motivation und Inspiration**
  Geschichten haben die Macht, Menschen zu inspirieren und zum Handeln zu motivieren. Als CSO nutzen Sie diese Kraft, um das Bewusstsein und die Motivation für nachhaltige Praktiken innerhalb des Unternehmens zu steigern.
- **Change-Management**
  Veränderungen sind oft schwer zu akzeptieren. Aber Geschichten können diese Hürde überwinden. Überzeugende Geschichten helfen, den Sinn und die Notwendigkeit von Veränderungen zu verdeutlichen.

In der Rolle des Storytellers haben Sie die Möglichkeit, die positiven Auswirkungen nachhaltiger Praktiken zu beleuchten und auf diese Weise zum Wandel beizutragen. Dies ist nicht nur für das Unternehmen, sondern auch für die Gesellschaft insgesamt von unschätzbarem Wert.

Eine entscheidende Frage hierbei lautet: Welche **Stakeholder** sind beim Storytelling zu berücksichtigen? Um zu ermitteln, wer in den **Prozess der Green Journey** wann und wie intensiv eingebunden werden sollte, bietet sich das **Stakeholder-Onion-Modell** an. Dieses Modell unterstützt den Prozess, die relevanten Stakeholder mit ihren unterschiedlichen Zielen, Erwartungen, aber auch mit ihrem jeweiligen Machtpotenzial frühzeitig zu erkennen und einzubinden (vgl. Abb. 3.2).

3.1 Chief Sustainability Officer als Storyteller

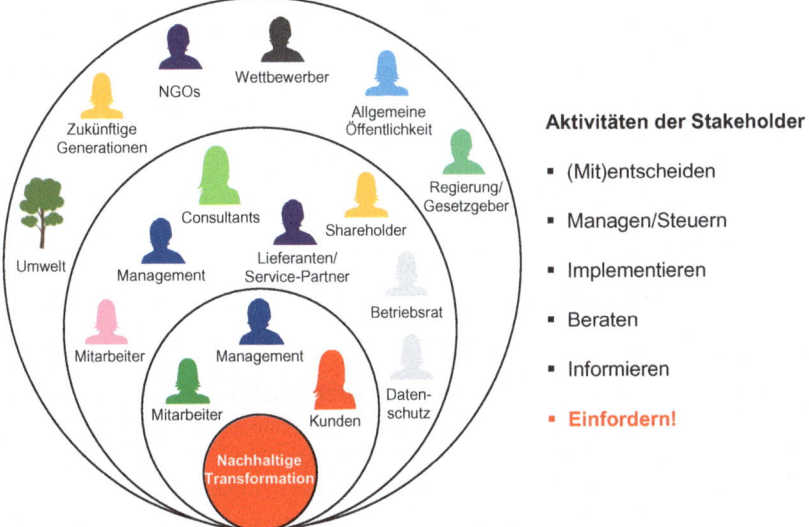

Abb. 3.2 Stakeholder-Onion-Modell zur Identifikation relevanter Stakeholder einer nachhaltigen Unternehmensführung

Das **Stakeholder-Onion-Modell** unterstützt den CSO bei der Identifikation und der Analyse von Stakeholdern, die in den **Prozess der nachhaltigen Transformation** zu involvieren sind. Die Zwiebel-Struktur ermöglicht es, Beziehungen in ihrer Tiefe zu verstehen und auf der Basis von fünf Schritten zu erarbeiten. Die Analyse beginnt stets im Zentrum und bewegt sich schrittweise nach außen.

1. **Schritt**
   Als Ausgangspunkt der Zwiebel – visualisiert durch einen kleinen Kreis – wird das **Kernthema** definiert. Hierbei kann es sich um ein Produkt, eine Dienstleistung oder ein Thema wie die nachhaltige Transformation handeln.
2. **Schritt**
   Der nächste Kreis beinhaltet jene **Stakeholder**, die **unmittelbar betroffen** sind. Dies könnten Mitarbeiter und Führungskräfte, aber auch Kunden und Interessenten sein, die direkt in den Entwicklungs- oder Implementierungsprozess einbezogen sind – oder als Kunden ein Angebot in der Vermarktungsphase akzeptieren sollten.
3. **Schritt**
   Der nächste Kreis umfasst die **Stakeholder**, die **indirekt** in die Transformation **involviert** sind. Sie sind zwar nicht unmittelbar beteiligt, werden aber von den

Veränderungen beeinflusst. Darunter fallen zusätzliche Mitarbeiter und Führungskräfte sowie externe Partner wie Consultants, IT-Dienstleister und Lieferanten. Eine besondere Rolle kommt hierbei den Vertretern des Datenschutzes sowie dem Betriebsrat zu. Auch die Aktionäre, die die finanziellen Ressourcen für die Transformation bereitstellen, sind hier zu finden.

4. **Schritt**
Ein weiterer Kreis enthält **Stakeholder außerhalb des Unternehmens**, die dennoch für den Erfolg des Prozesses wichtig sind. Dies können Regierungsorgane, Gesetzgeber, die breite Öffentlichkeit, Wettbewerber und sogar zukünftige Generationen sein. Auch NGOs und die Umwelt selbst können hier platziert werden.

5. **Schritt**
Im finalen Schritt wird das Modell durch **Beziehungspfeile** erweitert, die die Art und Intensität der Beziehungen zwischen den Stakeholdern darstellen. Die Pfeile zeigen die Beziehungsrichtung, die Dicke der Pfeile die Stärke der Beziehung und die Farbe – gemäß einer Ampellogik – die Qualität der Beziehung. Rot steht für die Blockierer, Gelb für die Neutralen und Grün für die Unterstützer.

Durch diese detaillierte Visualisierung und Analyse können Sie ein tieferes Verständnis für die komplexen Beziehungsgeflechte und die unterschiedlichen Rollen der Stakeholder gewinnen. Dies ermöglicht es Ihnen, Strategien für den Umgang mit den verschiedenen Stakeholdern zu entwickeln und die nachhaltige Transformation erfolgreich voranzutreiben.

▶ **Nachhaltig merken** Die Umwelt ist heute zu einem eigenständigen **Stakeholder** geworden. Schließlich „formuliert" die Umwelt heute schon regelrechte Forderungen an die Unternehmen. Diese müssen erfüllt werden, um das Überleben der Menschheit bzw. des blauen Planeten langfristig zu sichern.

Die Erarbeitung des Onion-Modells ist ein arbeitsintensiver Prozess, der wertvolle Erkenntnisse liefert. Das Modell ermutigt bzw. zwingt Sie als Nutzer dazu, Ihren Blick zu erweitern und über den Tellerrand hinaus zu schauen. Es ermöglicht eine Berücksichtigung der relevanten Stakeholder und sichert somit, dass keine wichtigen Blickwinkel oder Perspektiven übersehen werden.

Wenn Manager es dagegen versäumen, eine gründliche **Inventur der Erwartungen und Bedenken** der verschiedenen Stakeholder durchzuführen, kann das später negative Folgen haben. Dies könnte zu einer Verlangsamung oder sogar

3.1 Chief Sustainability Officer als Storyteller

einem Stillstand des Prozesses der nachhaltigen Transformation führen. Diese Risiken können vermieden werden, indem proaktiv gehandelt und vorausschauend geplant wird.

▶ **Nachhaltig merken** Das **Stakeholder-Onion-Konzept** ist ein unverzichtbarer Bestandteil jedes nachhaltigen Transformationsprozesses.

Nachdem die zentralen Stakeholder identifiziert wurden, stellt sich jetzt die Frage, wie Sie das Storytelling für die Kommunikation nutzen können (vgl. auch Pyczak 2023; Fuchs 2021). Die folgenden **Erfolgsfaktoren des Storytellings** sollten Sie berücksichtigen:

- **Relevanz**
  Die Geschichte muss für Ihr Publikum relevant sein. Sie sollte einen Bezug zu den Interessen, Werten oder Erfahrungen Ihrer Zuhörer haben. Nur so können Sie die Aufmerksamkeit Ihres Publikums gewinnen und halten.
- **Authentizität**
  Die Geschichte muss authentisch sein. Sie sollte auf echten Erfahrungen, Ereignissen oder Personen basieren. Eine authentische Geschichte wirkt glaubwürdig und kann das Vertrauen des Publikums gewinnen.
- **Emotionale Verbindung**
  Eine gute Geschichte weckt Emotionen. Sie sollte das Publikum zum Lachen, Weinen, Nachdenken oder Handeln anregen. Emotionen sind die treibende Kraft hinter dem Engagement und der Handlungsbereitschaft des Publikums.
- **Klarheit und Verständlichkeit**
  Die Geschichte sollte klar und leicht verständlich sein. Komplexe Sachverhalte können durch einfache und klare Worte erklärt werden. Die Verwendung von schwer verständlichem Fachjargon sollte vermieden werden.
- **Einprägsamkeit**
  Eine gute Geschichte bleibt im Gedächtnis. Deshalb sollte sie markante Bilder oder Metaphern enthalten, die Ihr Publikum nicht so schnell vergisst. Einprägsame Geschichten können die Botschaft verstärken und das Publikum zur Mitarbeit anregen.
- **Handlungsorientierung**
  Die Geschichte sollte eine klare Handlungsaufforderung enthalten. Sie sollte das Publikum dazu anregen, etwas Bestimmtes zu tun, eine bestimmte Sichtweise und/oder spezifische Werte zu übernehmen.

- **Appell an die Selbstwirksamkeit**
  Bei der Handlungsorientierung sollten Sie herausarbeiten, was einzelnen Personen, aber auch das Unternehmen insgesamt bei der nachhaltigen Transformation schon erreicht haben. Nichts ist motivierender als bereits erzielte Erfolge!

Wenn Sie als CSO diese Kriterien beim Storytelling beachten, können Sie Ihre **Nachhaltigkeitsbotschaften** verständlich und motivierend vermitteln und so zu einem echten Wandel im Unternehmen beitragen. Wie das genau gelingen kann, wird hier deutlich:

- Berichten Sie von **erfolgreichen Projekten**, die Ihr Unternehmen durchgeführt hat. Nehmen wir an, Ihr Unternehmen hat ein Projekt zur Steigerung der Energieeffizienz umgesetzt, das zu erheblichen Kosteneinsparungen geführt hat. Erzählen Sie die Geschichte dieses Projekts – von der Identifizierung des Problems über die Herausforderungen während der Implementierung bis hin zu den erzielten Erfolgen.
- Stellen Sie hierbei die **persönlichen Geschichten von Mitarbeitern** in den Vordergrund. Lassen Sie Mitarbeiter ihre persönlichen Erfahrungen im Umgang mit Nachhaltigkeitsfragen teilen. Ein Mitarbeiter könnte darüber sprechen, wie er dazu beigetragen hat, den Abfall in seinem Arbeitsbereich zu reduzieren. Ein Manager könnte herausarbeiten, wie er und sein Team aktiv an der Entwicklung eines neuen, umweltfreundlichen Produkts beteiligt waren.
- Wichtig ist hierbei, dass Sie nicht nur über Zahlen und Statistiken sprechen. Sie sollten vielmehr veranschaulichen, wie die Bemühungen Ihres Unternehmens das **Leben der Menschen verbessern**. Ein Unternehmen, das in erneuerbare Energien investiert, könnte eine Geschichte darüber erzählen, wie eine ganze Region durch das unternehmerische Engagement jetzt Zugang zu sauberer Energie erhalten hat.
- Übergreifend sollten Sie durch Ihre Geschichten die **Vision Ihres Unternehmens für eine nachhaltige Zukunft** vermitteln. Zeigen Sie, wie jeder einzelne Mitarbeiter und jede Führungskraft im Unternehmen dazu beitragen kann, diese Vision Wirklichkeit werden zu lassen. Ein Unternehmen der Lebensmittelindustrie könnte aufzeigen, welche Beiträge es zur Entwicklung einer nachhaltigeren Landwirtschaft leistet – und gleichzeitig die Lebensmittelversorgung für zukünftige Generationen sichert.

Ein gutes Storytelling kann die Botschaft der Nachhaltigkeit lebendig und persönlich übermitteln. Hierdurch wird es viel wahrscheinlicher, auf dem Weg zu einer nachhaltigen Unternehmensführung die unverzichtbare Unterstützung der besonders wichtigen Stakeholder zu gewinnen und deren Engagement zu fördern – innerhalb und außerhalb des Unternehmens.

▶ **Nachhaltig merken** Storytelling ist ein unverzichtbares Werkzeug in der Kommunikationsstrategie jedes Chief Sustainability Officers.

3.2 Chief Sustainability Officer als Rechtsversteher und Rechtsumsetzer

Der Chief Sustainability Officer als Rechtsversteher und Rechtsumsetzer spielt eine entscheidende Rolle in jedem Unternehmen, das ernsthaft bestrebt ist, seine Nachhaltigkeitsziele zu erreichen. Diese Rolle beinhaltet mehr als nur die Einhaltung von gesetzlichen Vorschriften und Standards. Sie erfordert ein tiefes Verständnis für die rechtlichen Rahmenbedingungen, die die Nachhaltigkeitsbemühungen eines Unternehmens beeinflussen und leiten. Ein CSO übernimmt bei dieser Rolle gleich mehrere wichtige Aufgaben:

- **Verstehen der rechtlichen Rahmenbedingungen**
  Der CSO muss ein fundiertes Verständnis für die relevanten rechtlichen Rahmenbedingungen und Standards in Bezug auf Umwelt, soziale Fragen und Unternehmensführung haben. Dies umfasst lokale, nationale und internationale Vorschriften, Abkommen und Normen.
- **Kommunikation mit der Rechtsabteilung und externen Beratern**
  Der CSO muss eng mit der Rechtsabteilung und ggf. externen Beratern zusammenarbeiten. Nur hierdurch kann sichergestellt werden, dass die Nachhaltigkeitsinitiativen des Unternehmens den geltenden Rechtsvorschriften entsprechen.
- **Integration der rechtlichen Rahmenbedingungen in die Unternehmensstrategie**
  Der CSO muss in der Lage sein, die rechtlichen Rahmenbedingungen in die Nachhaltigkeitsstrategie und -praktiken des Unternehmens zu integrieren und dort für deren Einhaltung zu sorgen.
- **Beratung und Schulung des Managements und der Mitarbeiter**
  Der CSO hat die Aufgabe, das Management und die Mitarbeiter über relevante rechtliche Fragen im Zusammenhang mit Nachhaltigkeit zu informieren und zu schulen. Dies ist ein kontinuierlicher Prozess, da monatlich neue Regelungen definiert werden. Die *Europäische Kommission* ist mit ihrem **Green Deal** hier sehr „fleißig" unterwegs (vgl. European Commission 2023).

Nachfolgend werden einige wichtige **rechtliche Rahmenbedingungen** aufgezeigt, die ein CSO bei seiner Arbeit berücksichtigen muss. An dieser Stelle kann nur ein Überblick vermittelt werden.

ESG-Kriterien
Die sogenannten **ESG-Kriterien** (Environment, Social, Governance) gelten immer mehr als **Maßstab für nachhaltige Unternehmensführung** im 21. Jahrhundert. Sie leiten sich von den Dimensionen der Nachhaltigkeit ab und definieren spezifische Handlungsbereiche von Unternehmen in Bezug auf Planet, People und Profit.

Heutzutage ist es nicht mehr ausreichend, ein Unternehmen ausschließlich auf **wirtschaftliche Nachhaltigkeit** auszurichten. Eine solide wirtschaftliche Grundlage ist zwar nach wie vor notwendig, um langfristig am Markt bestehen zu können. Allerdings sind **zusätzliche Anforderungen** zu erfüllen, die von Investoren, Kunden und anderen Stakeholdern gefordert werden. Diese Anforderungen, die immer stärker auch vom Gesetzgeber definiert werden, lassen sich anhand der **ESG-Kriterien** wie folgt definieren:

- Das „E" (**Environment**) repräsentiert umweltfreundliches Handeln und betont die **ökologische Nachhaltigkeit**.
- Das „S" (**Social**) steht für soziale Aspekte, einschließlich Arbeitssicherheit und Gesundheit und gesellschaftliches Engagement; es erfasst die **soziale Nachhaltigkeit**.
- Das „G" (**Governance**) bezieht sich auf nachhaltige Unternehmensführung und unterstreicht die **ökonomische Nachhaltigkeit**.

Die **Inhalte der ESG-Kriterien** werden in Abb. 3.3 dargestellt (vgl. vertiefend Kreutzer 2023, S. 68–77).

▶ **Nachhaltig handeln** Der **Geltungsbereich der ESG-Kriterien** wurde und wird im Laufe der Zeit auf immer mehr Branchen ausgedehnt. Hier ist der CSO aufgerufen, diese Entwicklungen zu überwachen und Implikationen für das eigene Unternehmen abzuleiten.

Lieferkettensorgfaltspflichtengesetz
Eine große Relevanz für viele Unternehmen hat auch das in Deutschland am 01.01.2023 in Kraft getretene **Lieferkettensorgfaltspflichtengesetz**, auch **Lieferkettengesetz** genannt. Es ist ein gesetzlicher Rahmen, der Unternehmen dazu verpflichtet, Menschenrechts- und Umweltstandards in ihren **internationalen Lieferketten** zu respektieren und durchzusetzen.

3.2 Chief Sustainability Officer als Rechtsversteher und Rechtsumsetzer

ESG-Kriterien

Environment	Social	Governance
▪ Reduktion der Auswirkungen des unternehmerischen Handelns auf den Klimawandel	▪ Beachtung der Menschenwürde und Einhaltung der Menschen- und Arbeitnehmerrechte	▪ Veröffentlichung der relevanten Werte und Guidelines des Unternehmens
▪ Schutz der natürlichen Ressourcen	▪ Sichere und ergonomische Gestaltung von Arbeitsplätzen	▪ Einhaltung der einschlägigen Gesetze und Regelwerke
▪ Steigerung der Effizienz des Ressourceneinsatzes	▪ Nichtdiskriminierung	▪ Gesetzeskonforme Abführung von Steuern
▪ Umsetzung einer Kreislaufwirtschaft	▪ Diversity	▪ Transparente Dokumentation der Prozesse zur Steuerung und Kontrolle des Unternehmens
▪ Nutzung erneuerbarer Energien	▪ „Faire" Behandlung und Bezahlung der Mitarbeiter – innerhalb der gesamten Lieferkette	▪ Vorliegen gut nachvollziehbarer Vergütungs- und Beförderungsrichtlinien
▪ Herstellung nachhaltiger Produkte	▪ Umfassende Angebote zur Fort- und Weiterbildung der Mitarbeiter	▪ Umsetzung einer auf Transparenz ausgerichteten Kommunikation – nach innen und außen
▪ Einsatz nachhaltiger Technologien und Prozesse	▪ Verzicht auf eine Zusammenarbeit mit autoritären Regierungen	▪ Fairness im Wettbewerb
▪ Nachhaltiges Gebäudemanagement	▪ Übernahme gesellschaftlicher Verantwortung – über die Kernleistung des Unternehmens hinaus	▪ Unabhängige Kontrollorgane
▪ Nachhaltiges Wassermanagement	▪ Fairer Umgang mit Kunden	
▪ Nachhaltige Mobilitäts- und Logistikkonzepte		

Abb. 3.3 Inhalte der ESG-Kriterien

Der CSO eines Unternehmens trägt die Verantwortung für die Einhaltung des Lieferkettengesetzes. Das Gesetz verlangt von Unternehmen, **Risikobewertungen** durchzuführen, um potenzielle Menschenrechts- und Umweltverstöße in ihren Lieferketten zu identifizieren. Die Unternehmen müssen auch **Präventivmaßnahmen** ergreifen, um mögliche Risiken zu minimieren. Außerdem sind **Abhilfemaßnahmen** zu ergreifen, wenn Verstöße festgestellt werden.

Als Leiter der Nachhaltigkeitsbemühungen muss der CSO sicherstellen, dass die Anforderungen des Gesetzes in der Unternehmensstrategie berücksichtigt werden. Hierfür bedarf es einer intensiven **Zusammenarbeit zwischen verschiedenen Abteilungen**. Hierzu zählen vor allem die Beschaffungsabteilung sowie das Rechtsteam. Auch die Human-Resources-Abteilung ist in die Umsetzung einzubinden, weil die Umsetzung der rechtlichen Anforderungen einen hohen Schulungsbedarf für Mitarbeiter und Führungskräfte mit sich bringt. Es liegt in der Verantwortung des CSOs, strategische Chancen und Risiken des Lieferkettengesetzes frühzeitig zu erkennen und zu managen (vgl. vertiefend Kreutzer 2023, S. 80–84).

▶ **Nachhaltig merken** Auf der **EU-Ebene** wird eine noch **strengere Variante des deutschen Lieferkettengesetzes** diskutiert. Hier muss der CSO dafür Sorge tragen, dass sich das Unternehmen rechtzeitig auf die sich hieraus ergebenden rechtlichen Anforderungen vorbereitet.

Corporate Sustainability Reporting Directive
Ein weiteres wichtiges Rahmenwerk für den CSO stellt die **Corporate Sustainability Reporting Directive** dar. Dies ist eine **Richtlinie zur Nachhaltigkeitsberichterstattung von Unternehmen**. Sie definiert die Anforderungen an die jährliche nichtfinanzielle Berichterstattung für bestimmte Unternehmen zu Themen der Nachhaltigkeit (vgl. European Commission 2021; Bundesverband Nachhaltige Wirtschaft 2022; Kreher und Gnändiger 2022).

Diese Corporate Sustainability Reporting Directive ersetzt die aktuell geltende **Non-Financial Reporting Directive** und wird voraussichtlich ab dem Geschäftsjahr mit Beginn am 1. Januar 2024 gelten. In der EU ansässige Unternehmen müssen in ihren Lagebericht ein **Sustainability-Statement** integrieren. Dieses Statement soll Rechenschaft über Environmental-, Social- und Governance-Themen (ESG) ablegen. Hierdurch legt die Europäische Kommission einen **Rahmen für die Berichterstattung nicht-finanzieller Daten** fest (vgl. vertiefend Kreutzer 2023, S. 77–80).

3.2 Chief Sustainability Officer als Rechtsversteher und Rechtsumsetzer

▶ **Nachhaltig handeln** Der CSO ist aufgefordert, die Anforderungen der **Corporate Sustainability Reporting Directive** für das Unternehmen zu erfassen und zusammen mit dem Chief Financial Officer die Umsetzung für das eigene Unternehmen voranzutreiben.

Kreislaufwirtschaftsgesetz
Weitere wichtige Anforderungen an die Arbeit des CSO resultieren aus dem **Kreislaufwirtschaftsgesetz** (2021) – Kurzform von **Gesetz zur Förderung der Kreislaufwirtschaft und Sicherung der umweltverträglichen Bewirtschaftung von Abfällen**. Dieses definiert die Grundlagen und Rahmenbedingungen für die Abfallwirtschaft, um die Kreislaufwirtschaft in Deutschland zu fördern. Es legt eine Reihe von Anforderungen fest, die Unternehmen, Behörden und andere Akteure im Umgang mit Abfällen erfüllen müssen. Die präzisen Anforderungen des Gesetzes können je nach Kontext und Akteur variieren. Hier werden zentrale Themenfelder aufgezeigt:

- **Abfallvermeidung und Vorbereitung zur Wiederverwendung**
  Das Kreislaufwirtschaftsgesetz legt einen Schwerpunkt auf die Vermeidung von Abfällen und die Förderung der Wiederverwendung. Unternehmen sind verpflichtet, Maßnahmen zu ergreifen, um die Menge an Abfällen zu reduzieren und Produkte so zu gestalten, dass sie wiederverwendet werden können.
- **Getrennte Sammlung und Recycling**
  Das Gesetz fordert die getrennte Sammlung bestimmter Abfallströme, bspw. bei Papier, Glas, Metallen und Verpackungsabfällen. Es sollen Recyclingquoten erreicht werden, um die stoffliche Verwertung von Abfällen zu fördern.
- **Abfallbehandlung und Entsorgung**
  Das Gesetz regelt auch die Voraussetzungen für die ordnungsgemäße Behandlung und Entsorgung von Abfällen. Es legt Anforderungen an die Umweltverträglichkeit von Anlagen fest und enthält Vorgaben für die Deponierung von Abfällen.
- **Produktverantwortung**
  Das Gesetz verpflichtet Hersteller und Vermarkter von Produkten zur Übernahme einer Verantwortung für die Entsorgung der von ihnen in Verkehr gebrachten Produkte am Ende ihres Lebenszyklus. Dies kann die Einrichtung von Rücknahmesystemen oder die Beteiligung an Entsorgungskosten umfassen.
- **Abfallwirtschaftspläne und Abfallvermeidungsprogramme**
  Gefordert wird auch die Erstellung von Abfallwirtschaftsplänen und Abfallvermeidungsprogrammen, zu erstellen durch die Bundesländer bzw. den Bund selbst. Diese Pläne legen strategische Ziele und Maßnahmen für die Abfallwirtschaft fest und dienen als Grundlage für die Umsetzung von Abfallvermeidungs- und Recyclingmaßnahmen.

Das Kreislaufwirtschaftsgesetz ist ein komplexes Regelwerk, das weitere detaillierte Anforderungen enthält, die sich auf spezifische Abfallarten, Verfahren und Akteure beziehen.

▶ **Nachhaltig handeln** Jeder Chief Sustainability Officer ist aufgerufen, die Implikationen des **Kreislaufwirtschaftsgesetzes** für das eigene Unternehmen herauszuarbeiten und die Einhaltung sicherzustellen. Hierfür ist häufig interner und/oder externer rechtlicher Beistand hilfreich.

Die hier beschriebenen gesetzlichen Rahmenbedingungen stellen nur einen **Ausschnitt der relevanten Regelwerke** dar. Jeder CSO ist aufgerufen, weitere, für das eigene Unternehmen gültige Gesetze zu identifizieren und anzuwenden. Die Rolle des CSOs als Rechtsversteher und Rechtsumsetzer ist unverzichtbar, weil eine Nichtbeachtung der rechtlichen Aspekte zu erheblichen **Finanz- und Reputationsrisiken** führen kann. Nur durch eine umfassende Berücksichtigung der rechtlichen Rahmenbedingungen in der Nachhaltigkeitsstrategie eines Unternehmens kann dieses seine Nachhaltigkeitsziele erreichen und gleichzeitig seine rechtlichen Verpflichtungen erfüllen. In Abhängigkeit der Sichtweise relevanter Stakeholder können hierdurch auch Wettbewerbsvorteile erzielt werden.

▶ **Nachhaltig handeln** Ein CSO muss sicherstellen, dass das Unternehmen alle **relevanten rechtlichen Rahmenbedingungen** einhält. Dies erfordert ein kontinuierliches Studium der einschlägigen Gesetze und eine Anpassung der Nachhaltigkeitsstrategie des Unternehmens, um Veränderungen in der rechtlichen Landschaft Rechnung zu tragen.

3.3 Chief Sustainability Officer als Impulsgeber

Beim **Streben nach Nachhaltigkeit** ist der CSO vor allem auch als Impulsgeber gefordert. Seine Aufgabe ist es, immer wieder auf mögliche Handlungsfelder in Sachen Nachhaltigkeit im eigenen Unternehmen hinzuweisen. Um dies zu erreichen, kann sich der CSO an der **9-R-Regel** orientieren und prüfen, welche Konzepte im eigenen Unternehmen umgesetzt werden können:

- **Refuse**
  Wo immer möglich, sollte ein Materialeinsatz vermieden werden. Dies gelingt durch den Verzicht auf das Angebot von Plastiktüten oder Wegwerf-Produkten, wie bspw. Take-away-Behältern für die einmalige Nutzung. Zusätzlich kann ge-

3.3 Chief Sustainability Officer als Impulsgeber

prüft werden, auf welche Materialien in der Produktion oder in der Logistik verzichtet werden kann. Hier ist auch an aufwändige Verpackungen zu denken, die keine echte Funktion aufweisen.

- **Reduce**
Entlang der gesamten Wertschöpfungskette ist bei jedem Prozess zu prüfen, ob der Ressourceneinsatz verringert werden kann. Dies bezieht sich auf den Energieeinsatz, aber auch auf alle weiteren Ressourcen, die entlang der Supply Chain, in der Fertigung, im Vertrieb und bei der finalen Nutzung verbraucht werden.

- **Reimage**
Bei Reimage (zu verstehen als „neu vorstellen" oder „neu konzipieren") wird ein Produkt oder ein Prozess vollständig überdacht und neu gestaltet, um die Nachhaltigkeit zu steigern. Anstatt sich nur darauf zu konzentrieren, ein bestehendes Produkt oder einen bestehenden Prozess zu verbessern, wird beim Reimaging das gesamte System von Grund auf neu konzipiert. Als Ergebnis könnten herkömmliche Plastikverpackungen durch vollständig kompostierbare Verpackungen ersetzt werden.

Idealerweise geht ein Reimage-Ansatz mit einer Neukonzeption von Produkten und Prozessen einher, die Nachhaltigkeit schon in ihrer DNA tragen. Auch hierdurch können Primärressourcen eingespart werden.

Bei der **Kreislaufwirtschaft** rücken weitere Handlungsfelder in den Mittelpunkt:

- **Reuse**
Hier geht es um die Frage, ob Produkte unverändert schlicht länger weiterverwendet werden können. Bei einer Wieder- und Weiterverwendung werden Wertstoffe oder Produkte nach Gebrauch erneut für ihren ursprünglichen Zweck eingesetzt. Solche Angebote werden mit „gebraucht", „Second Hand", „pre-used" oder „pre-owned" ausgezeichnet. Das Originalprodukt bleibt bei einer erneuten Nutzung unverändert.

Einem solchen Reuse-Ansatz steht im Fashion-Bereich ein „Modediktat" entgegen. Dieses führt dazu, dass „eigentlich" noch tragbare Kleidung nicht weiter genutzt wird, weil sie unmodern geworden ist. Auch die technische Veralterung durch Innovationen, bspw. bei Smartphones, führt dazu, dass noch leistungsfähige Geräte ersetzt werden, um über die jeweils neueste Version zu verfügen.

Der Vorteil von Reuse ist, dass keine Primärressourcen verbraucht werden. Es fallen auch keine Abfälle an. Beim Reuse bleibt der Wert des ursprünglichen Produktes auf hohem Niveau erhalten.

- **Repair**

  Häufig scheiden Produkte aus dem Nutzungskreislauf aus, weil sie nicht mehr funktionieren. Oft ließe sich das durch eine einfache Reparatur beheben. Aber häufig sind die Reparaturen aufwändig und ggf. sogar teurer als ein neues Produkt, weil eine Reparatur vom Hersteller gesehen nicht gewünscht und deshalb erschwert wird (bspw. durch eingeklebte Komponenten bei Smartphones, die sich nicht ersetzen lassen).

  Die Nutzungsdauer von Produkten durch Reparaturen zu verlängern, stellt ein wichtiges Anliegen der Kreislaufwirtschaft dar. Für die Reparatur werden weniger Primärressourcen benötigt als für die Fertigung eines neuen Produktes.

- **Refurbishing**

  Der Begriff „refurbish" steht für renovieren, überholen, überarbeiten. Das Refurbishing beschreibt eine qualitätsgesicherte Überholung und Instandsetzung von Produkten oder ganzen Anlagen. Hierdurch können diese dem Nutzungskreislauf wieder zugeführt werden. Ein Beispiel hierfür sind runderneuerte Autoreifen, die dem Nutzungskreislauf nach einer „Überholung" wieder zugeführt werden.

  Refurbishing trägt zu einer Schonung von Primärressourcen wie auch zur Vermeidung von Abfällen bei. Auch hier bleibt der Wert des ursprünglichen Produktes überwiegend erhalten.

- **Refabrikation bzw. Remanufacturing**

  Refabrikation bzw. Remanufacturing geht über das Refurbishing hinaus. Beim Remanufacturing werden bereits genutzte Geräte und Anlagen so überholt, dass sie dem Qualitätsstandard eines Neugeräts entsprechen. Dies ist bspw. bei Motoren, Pumpen, Robotern, Eisenbahnwagen sowie bei vielen Maschinen der Fall.

  Refabrikation schont Primärressourcen und vermeidet Abfälle. Der Wert des ursprünglichen Produktes wird durch die Aufarbeitung auf hohem Niveau wiederhergestellt.

- **Repurpose**

  Unter Repurpose ist eine Umnutzung von Produkten oder Materialien zu verstehen. Ein ursprünglich für einen bestimmten Zweck konzipiertes Objekt wird jetzt für einen neuen, oft ganz anderen Einsatz verwendet. Dies erweitert die Nutzungsdauer von Produkten oder Materialien und reduziert somit den Bedarf an neuen Ressourcen. Ein Beispiel sind alte Fabrikanlagen oder Kaufhäuser, die in Wohn- oder Büroflächen umgewandelt werden – statt Gebäude einfach abzureißen. Auch kleinere Produkte können einer Neuausrichtung unterzogen werden, etwa Weinflaschen, die als Vasen eingesetzt werden.

3.3 Chief Sustainability Officer als Impulsgeber

Auch durch Repurpose werden Primärressourcen geschont und Abfälle vermieden, weil Produkte und Material einer neuen Verwendung zugeführt werden.

- **Recycle**
Recycling ist der bekannteste Prozess der Kreislaufwirtschaft und spielt eine wesentliche Rolle bei der Verringerung des Ressourcenverbrauchs und von Abfall. Hierbei ist zwischen Upcycling und Downcycling zu unterscheiden. Beide beziehen sich auf die Verwendung von Materialien, die sonst als Abfall betrachtet werden könnten.
    - **Upcycling** ist der Prozess, bei dem Abfallmaterialien oder unerwünschte Produkte in neue Materialien oder Produkte von höherer Qualität und Wertigkeit umgewandelt werden. Ein Beispiel für Upcycling ist, wenn aus alten Holzpaletten Möbel oder aus alten LKW-Planen Handtaschen gefertigt werden. Hier wird ein Material, das sonst entsorgt würde, in etwas Wertvolleres umgewandelt. So wird nicht nur Abfall vermieden, sondern auch den Bedarf an neuen Materialien reduziert.
    - **Downcycling** bezeichnet den Prozess, bei dem Materialien in neue Materialien oder Produkte von geringerer Qualität umgewandelt werden. Das recycelte Material ist hier von geringerer Qualität und Funktionalität als das ursprüngliche Material (etwa bei Papier oder Plastik). Häufig können die so gewonnenen Ressourcen nur noch für die Herstellung von Produkten mit geringerer Qualität verwendet werden.

Beim **Recycling** kann es aber auch gelingen, vollwertige Sekundärrohstoffe zurückzugewinnen, ohne dass es zu Qualitätsverlusten kommt. Dies ist bei der Rückgewinnung von Gold oder seltenen Erden aus Smartphones der Fall.

Generell steht der Recycling-Prozess erst ganz am Ende der Kreislaufwirtschaft, weil das Ursprungsprodukt im Zuge des Recycling-Prozesses meistens zerstört wird.

Durch Recycling werden Sekundärrohstoffe sowie wiederverwendbare Teile gewonnen. Hierdurch wird der Verbrauch von Primärrohstoffen bei der Herstellung neuer Produkte reduziert.

Die Aufgabe des **CSOs als Impulsgeber** besteht darin, immer wieder zu prüfen, welche der **9-R-Regeln** im eigenen Unternehmen umgesetzt werden können. Hierbei geht es um zwei Fragen:

- Welche der 9-R-Regeln lässt sich am schnellsten anwenden? Wo können die berühmten „**Low-hanging Fruits**" geerntet werden?
- Welche der 9-R-Regeln hätte im eigenen Unternehmen den **größten Effekt**, um das Unternehmen in Richtung Nachhaltigkeit entscheidend voranzubringen?

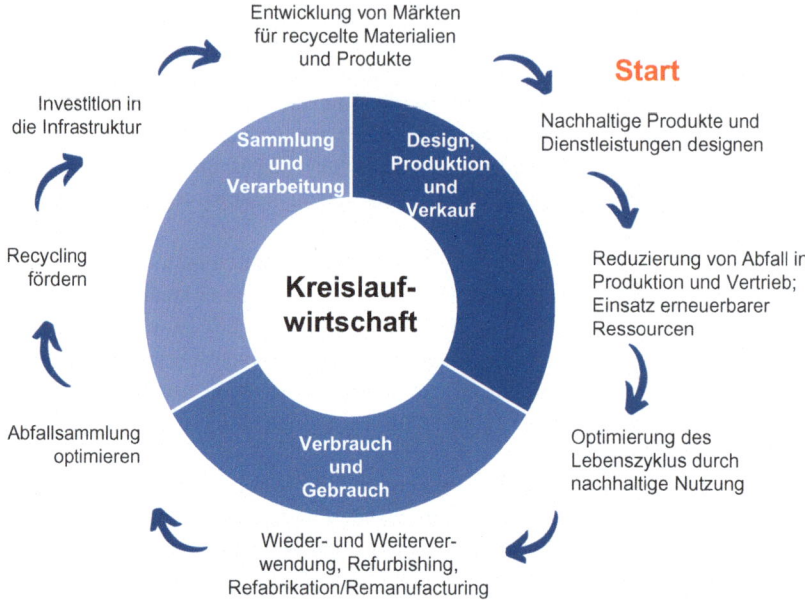

Abb. 3.4 Konzept der Kreislaufwirtschaft – Circular Economy

Bei der Prüfung möglicher Handlungsfelder kann sich der CSO mit den Verantwortlichen aus den Fachbereichen an dem in Abb. 3.4 gezeigten **Konzept der Kreislaufwirtschaft** orientieren. Im Kern geht es darum, die **Design-, Rohstoff-, Produktion-, Nutzungs- und Entsorgungskreisläufe** zu schließen. Wichtig ist hierbei, dass die Kreislaufwirtschaft schon mit dem Design nachhaltiger Produkte und Dienstleistungen beginnt.

Der CSO kann als Impulsgeber über Handlungsfelder innerhalb der Kreislaufwirtschaft hinausgehen und prüfen, ob eine **Arrondierung des bestehenden Geschäftsmodells** erfolgen könnte. Um dies zu erreichen, wird das bestehende Geschäftsmodell um Angebote ergänzt, die Ziele der Kreislaufwirtschaft anstreben. Hier finden Sie verschiedene Beispiele für dieses Vorgehen.

> **Nachhaltiges Beispiel:** *Amazon Marketplace*
>
> Das Geschäftsmodell von *Amazon Marketplace* beruht auf der Idee eines digitalen Marktplatzes, auf dem Drittanbieter ihre Produkte an Kunden verkaufen können. Durch dieses Angebot fördert *Amazon Marketplace* das Konzept **Reuse**, das die Lebensdauer von Produkten verlängert und die Wieder- und

3.3 Chief Sustainability Officer als Impulsgeber

Weiterverwendung ermöglicht. Ein signifikanter Teil der auf *Amazon Marketplace* angebotenen Produkte sind gebrauchte, aufbereitete oder recycelte Waren. Allerdings sind seitens *Amazon* und der Drittanbieter weitere Maßnahmen notwendig, um eine vollständige Kreislaufwirtschaft zu erreichen. Dazu gehören unter anderem eine stärkere Fokussierung auf nachhaltige Verpackungslösungen, verbesserte Rücknahme- und Recyclingprogramme für Produkte sowie eine größere Transparenz in Bezug auf die gesamte Lieferkette (vgl. vertiefend Kreutzer 2023, S. 172 f.).

Außerdem ist zu vermuten, dass *Amazon* beim Aufbau dieser Plattform primär Gewinn- und weniger Nachhaltigkeitsziele im Blick hatte. Dennoch ist es ein überzeugendes Beispiel für die Arrondierung eines bestehenden Geschäftsmodells um Nachhaltigkeitskonzepte. ◄

Nachhaltiges Beispiel: *IKEAs „Zweite Chance"-Programm*

Ein weiteres Beispiel, wie Unternehmen Nachhaltigkeitsprinzipien in ihre Geschäftsmodelle integrieren können, ist *IKEAs „Zweite Chance"-Programm*. In diesem Programm nimmt *IKEA* gebrauchte, aber noch funktionstüchtige Möbelstücke von Kunden zurück, um diese im Rahmen eines Wiederverkaufsprogramms anzubieten. Hierdurch verfolgt *IKEA* mehrere Nachhaltigkeitsziele (vgl. IKEA 2023):

- **Verlängerung der Produktlebensdauer**
  Durch den Wiederverkauf und die damit verbundene Wiederverwendung von Möbeln wird deren Lebensdauer verlängert. Das reduziert den Bedarf an neuen Produkten und schont knappe Ressourcen.
- **Abfallreduktion**
  Die Rücknahme von gebrauchten Möbeln reduziert die Menge an Möbeln, die auf Deponien oder in Verbrennungsanlagen landen.
- **Förderung des Bewusstseins und Verhaltensänderungen**
  Das Programm sensibilisiert Kunden für die Prinzipien der Kreislaufwirtschaft und ermutigt sie, verantwortungsbewusster zu konsumieren, indem sie ihre Möbel zurückgeben, anstatt sie zu entsorgen, wenn sie nicht mehr benötigen werden.
- **Soziale Verantwortung**
  Das Programm bietet Kunden, die sich keine neuen Möbel leisten können, die Möglichkeit, gebrauchte Artikel zu erschwinglichen Preisen zu erwerben.

Das „*Zweite Chance*"-*Programm* von *IKEA* ist eine interessante Initiative. Sie zeigt, wie Einzelhandelsunternehmen aktiv zur Förderung der Kreislaufwirtschaft beitragen können. ◄

Eine kritische Analyse der harten **Rücknahmebedingungen** (u. a. „Jedes zurückzunehmende Möbelstück muss komplett aufgebaut zurückgebracht werden") lässt jedoch Zweifel an der Ernsthaftigkeit dieses Ansatzes aufkommen (vgl. IKEA 2023). Außerdem führt eine Suche nach Zweite-Chance-Angeboten häufig zu „0 Ergebnissen". Handelt es sich hier vielleicht doch eher um Greenwashing (vgl. Kreutzer 2023, S. 175 f.)?

Nachhaltiges Beispiel: Rechenzentren

Ein interessanter Ansatz für die Arrondierung ihres Geschäftsmodells eröffnet sich für **Rechenzentren**. Diese produzieren erhebliche Mengen an Abwärme, die oft ungenutzt bleibt und einfach an die Umgebung abgegeben wird. Die Nutzung dieser Abwärme kann jedoch eine wichtige Rolle in der **Nachhaltigkeitsstrategie** von Rechenzentren spielen. Außerdem bieten sich Möglichkeiten für eine Diversifizierung ihres Geschäftsmodells:

- **Wärmelieferant für Gebäudeheizung**
  Abwärme aus Rechenzentren kann genutzt werden, um Bürogebäude, Wohnungen, Gewächshäuser und sogar ganze Wohnsiedlungen zu beheizen. In kalten Klimazonen können Rechenzentren so zu einem wichtigen Wärmelieferanten werden. Dies kann zu einer zusätzlichen Einnahmequelle für das Rechenzentrum werden und hilft gleichzeitig, den Verbrauch fossiler Brennstoffe zu reduzieren.
- **Wärmelieferant für industrielle Prozesse**
  Viele industrielle Prozesse benötigen Wärme. Rechenzentren könnten Partnerschaften mit Industrieunternehmen eingehen, um die entstehende Abwärme zu nutzen.

Ein nachhaltiges Management von Abwärme kann Rechenzentren helfen, ihre Betriebskosten zu senken, zusätzliche Einnahmequellen zu erschließen, ihre Emissionsbilanz zu verbessern und ihre allgemeine Nachhaltigkeitsleistung zu steigern. Es erfordert jedoch eine sorgfältige Planung und höhere Investitionen in geeignete Technologien und Infrastrukturen. ◄

Gegebenenfalls können auch **Geschäftsmodellinnovationen** entwickelt werden, um neue Märkte im Kontext der Nachhaltigkeit zu erschließen. Viele spannende Beispiele hierzu finden sich bei Kreutzer (2023, S. 177–184).

Zusätzlich gehört es zur Aufgabe eines CSOs, die **Mitarbeit in (internationalen) Organisationen** zu prüfen, um gemeinsam Entwicklungen in Richtung Nachhaltigkeit voranzutreiben. Hier ist bspw. an die Mitarbeit in folgenden Organisationen zu denken (vgl. weiterführend Kreutzer 2023, S. 195–189):

- *#breakfreefromplastic*
- *Allianz gegen Plastikmüll in der Umwelt (Alliance to End Plastic Waste, AEPW)*
- *PACE-Initiative (Platform for Accelerating the Circular Economy)*
- *StEP-Initiative (Solving the E-Waste Problem)*

▶ **Nachhaltig merken** Zu den Aufgaben des CSOs als Impulsgeber gehört auch, das unternehmerische Radar auf **Nachhaltigkeitsorganisationen** auszurichten, um dort mitzuarbeiten und eine Vernetzung voranzutreiben. Hierzu gehört auch, sich im Umfeld von **Nachhaltigkeits-Start-ups** zu engagieren – als Zuhörer, als Financier und/oder als Mentor.

3.4 Chief Sustainability Officer als „Marketing-Dompteur"

Der Chief Sustainability Officer spielt eine entscheidende Rolle bei der glaubwürdigen Ausrichtung des Unternehmens auf nachhaltige Ziele und Werte. Dazu gehört auch das **„Überwachen" der Marketingaktivitäten**. Hierdurch soll sichergestellt werden, dass die Botschaften, die das Unternehmen nach innen und außen trägt, den tatsächlichen Nachhaltigkeitsbemühungen entsprechen.

▶ **Nachhaltig merken Green Marketing** und **Green Branding** sind gleichsam nur das **Sahnehäubchen einer nachhaltigen Unternehmensführung** (vgl. Abb. 3.5).

Bevor im Marketing und in der Markenführung „grüne Elemente" herausgestellt werden sollten, müssen zunächst einmal im **„Maschinenraum des Unternehmens"** entscheidende Veränderungen vorgenommen werden. Die hierfür in Abschn. 3.3 beschriebenen **Maßnahmen der Kreislaufwirtschaft** benötigen häufig Zeit. Wenn ein Unternehmen keine Banalitäten der „Grünwerdung" kommunizieren möchte, sollte zunächst einmal eine beweisbare Wegstrecke in Richtung Nachhaltigkeit absolviert worden sein, bevor kommunikativ getrommelt wird.

Green Marketing – Green Branding

Nachhaltige Unternehmensführung

Eine Fokussierung auf die Kommunikation allein wird den Anforderungen einer nachhaltigen Unternehmensführung nicht gerecht.

Abb. 3.5 Green Marketing und Green Branding – das Sahnehäubchen der nachhaltigen Unternehmensführung

▶ **Nachhaltig merken** Speziell für Marketers gilt – und nicht nur beim Thema Nachhaltigkeit: **underpromise – overdeliver!**

CEOs, Geschäftsführer, aber auch Marketingverantwortliche mussten schon ihre Posten räumen, weil sie in ihrer **Begeisterung für die Nachhaltigkeit** die tatsächlichen Maßnahmen des Unternehmens aus dem Blick verloren hatten. Oder sie haben schlicht gelogen, um Kunden und weitere Stakeholder (bspw. Investoren) für ein nur scheinbar „grünes" Engagement zu gewinnen.

Vor diesem Hintergrund werden nachfolgend einige Gründe aufgezeigt, warum ein CSO gleichsam als **„Marketing-Dompteur"** agieren muss:

- **Vermeidung von Greenwashing**
  - Marketingteams könnten versucht sein, die Nachhaltigkeitsleistungen des Unternehmens zu übertreiben oder ungenau darzustellen, um Kunden anzusprechen, die nachhaltige Produkte und Dienstleistungen bevorzugen. Dies kann zu Greenwashing führen, wenn die Behauptungen des Unternehmens nicht durch tatsächliche Nachhaltigkeitsmaßnahmen gestützt werden. Stattdessen würde, um das „Nichtstun in Sachen Nachhaltigkeit" zu kaschieren, dem Unternehmen gleichsam ein **grünes Mäntelchen** umgehängt. Das widerspricht allerdings nicht nur einer strategischen Marketingausrichtung, sondern auch einer verantwortlichen Markenführung (vgl. auch Weigand 2020, S. 65 f.; weiterführend Peterson 2021). Ein CSO kann dazu beitragen, diese Gefahr zu mindern, indem er in die Entwicklung von Marketingbotschaften und -kampagnen eingebunden wird.

3.4 Chief Sustainability Officer als „Marketing-Dompteur"

- **Glaubwürdigkeit und Vertrauen**
  Verbraucher, Investoren und andere Stakeholder erwarten von Unternehmen heute mehr denn je, dass sie verantwortungsbewusst handeln und sich zu Nachhaltigkeit verpflichten. Wenn ein Unternehmen als nicht authentisch oder als inkonsequent in seinem Nachhaltigkeitsengagement wahrgenommen wird, kann dies sein Ansehen schädigen und das Vertrauen der Stakeholder untergraben. Ein CSO kann dazu beitragen, diese Risiken zu mindern, indem er sicherstellt, dass die Marketingkommunikation des Unternehmens dessen tatsächlichen Nachhaltigkeitsleistungen und -ziele genau widerspiegelt.
- **Richtige Darstellung der Nachhaltigkeitsstrategie**
  Ein CSO kann dafür sorgen, dass die Marketingbotschaften des Unternehmens die gesamte Breite und Tiefe seiner operativen und strategischen Nachhaltigkeitsmaßnahmen widerspiegeln. Dies kann helfen, eine vollständigere Darstellung der Leistungen des Unternehmens in Sachen „Nachhaltigkeit" zu vermitteln und das Verständnis und die Wertschätzung dieser Bemühungen bei den Stakeholdern zu fördern.
- **Risikomanagement**
  Unangemessene oder ungenaue Marketingbotschaften können rechtliche Risiken für das Unternehmen darstellen. Dies gilt vor allem in Ländern, die strenge Vorschriften gegen irreführende oder falsche Werbeaussagen erlassen haben (vgl. Abschn. 3.2). Durch die „Überwachung" der Marketingbotschaften und die Gewährleistung ihrer Genauigkeit und Angemessenheit trägt ein CSO dazu bei, diese Risiken zu mindern.

Gemeinsam mit dem Chief Marketing Officer kann der CSO **Guidelines einer grünen Markenführung** erarbeiten (vgl. Abb. 3.6). In diesen Guidelines sollte jedes verantwortliche Unternehmen festhalten, auf **Greenwashing** zu verzichten.

Eine Positionierung als nachhaltig agierendes Unternehmen gelingt nur, wenn ein hohes Maß an **Ehrlichkeit und Glaubwürdigkeit** in der Kommunikation gewährleistet wird. Obwohl viele Unternehmen und Marken nachhaltigere Praktiken anstreben, ist häufig noch ein weiter Weg zurückzulegen, um diese Ziele zu erreichen. Dies erfordert nicht nur kreative Lösungen und finanzielle Investitionen, sondern auch Zeit. Für die meisten Kunden ist dies verständlich und akzeptabel, sofern das Unternehmen glaubhaft vermittelt, dass es sich auf dem Weg zur Nachhaltigkeit befindet. Daher spielt eine sorgfältig gestaltete „grüne" Kommunikation eine wesentliche Rolle. Diese „grüne" Kommunikation umfasst mehr als nur Werbung und schließt auch Aspekte der Public Relations ein. In der Öffentlichkeitsarbeit werden oft Aspekte der Nachhaltigkeit behandelt, die sich primär an Investoren und politische Entscheidungsträger richten.

Abb. 3.6 Guidelines einer grünen Markenführung

Es ist entscheidend, ein ganzheitliches Verständnis und Bewusstsein für Nachhaltigkeit im gesamten Unternehmen zu fördern – schließlich sind diese Teil des größeren Ökosystems Erde. Daher sollte das Nachhaltigkeitsdenken nicht an den Grenzen von Abteilungen oder Unternehmensbereichen haltmachen. Schon bei der Gestaltung eines Produkts oder einer Dienstleistung sollte geprüft werden, wie Elemente der Kreislaufwirtschaft integriert werden können (vgl. Abschn. 3.3). Dies kann die Nutzung von recycelten Materialien, eine ressourceneffiziente Produktion wie auch die Wiedergewinnung von Ressourcen am Ende des Produktlebenszuklus umfassen. Jedes Unternehmen ist deshalb zu einem **Denken und Handeln über den eigenen Verantwortungsbereich hinaus** aufgerufen.

Um eine nachhaltige Wertschöpfungskette zu gewährleisten, ist für alle Beteiligten eine hohe **Transparenz über die eigene Wertschöpfungskette** und deren Auswirkungen auf Ressourcen und Emissionen unerlässlich. Diese Klarheit muss gewährleistet sein, unabhängig von gesetzlichen Verpflichtungen. Zu diesem Zweck sollten unter anderem die folgenden Fragen beantwortet werden:

- Welche Rohstoffe werden genutzt?
- Wurden diese Rohstoffe auf nachhaltige Weise gewonnen?
- Werden recycelte Materialien für Produkte und Verpackungen verwendet?
- Kann der Anteil des Recyclings weiter gesteigert werden?
- Werden die Mitarbeiter, die in die gesamte Value Chain eingebunden sind, gerecht entlohnt?

3.4 Chief Sustainability Officer als „Marketing-Dompteur"

- Wie verantwortungsbewusst handeln die eigenen Lieferanten?
- In welchem Ausmaß können gegenwärtig Ressourcen eingespart und schädliche Emissionen im Herstellungsprozess reduziert werden?
- Wo bestehen Optimierungsmöglichkeiten in der Produktion?
- Wo können in der Logistik zukünftig weitere Ressourcen eingespart werden?
- Welche Möglichkeiten gibt es, den Ressourcenverbrauch und die Emissionen in der Nutzungsphase zu begrenzen?
- Wie sieht eine nachhaltige Entsorgung von Verpackungen und Produkten nach ihrem Gebrauch aus?

Die Antworten auf diese Fragen sind nicht nur für Manager in den Bereichen F&E, Beschaffung und Produktion relevant, sondern gerade auch für Mitarbeiter im Marketing und den Chief Marketing Officer. Das Teilen dieser Informationen ist eine zentrale Aufgabe des internen Marketings oder der internen Markenführung. Ein wesentlicher Informationskanal dafür ist das Nachhaltigkeitsmonitoring oder das Nachhaltigkeitscontrolling (vgl. Abschn. 3.5).

Die **„grüne" Angebotsgestaltung** ist ein zentrales Element der nachhaltigen Markenführung. Hierbei müssen die Hersteller ihr Produktportfolio überdenken und der Handel muss sein Sortiment anpassen. Beide Aspekte können variierend auf Nachhaltigkeitskriterien abgestimmt werden. Ein Schritt darüber hinaus ist die **Entwicklung eines „grünen" Geschäftsmodells**, das ergänzend oder alternativ zum bestehenden Geschäftsmodell entwickelt werden kann (für weitere Informationen zu Geschäftsmodellinnovationen vgl. Kreutzer 2021).

In einer engen Zusammenarbeit zwischen dem CSO und dem Chief Marketing Officer sollten folgende Fragen bearbeitet werden, um die Reise in Richtung Nachhaltigkeit erfolgreich zu gestalten:

- Wie können wir Nachhaltigkeit in den gesamten Lebenszyklus unserer Produkte integrieren, von der Beschaffung der Materialien über Design und Produktion bis zur Entsorgung oder Wiederverwertung?
- Wie können wir die Nachhaltigkeit unserer gesamten Lieferkette ausbauen?
- Können wir unsere Lieferanten dazu ermutigen oder verpflichten, nachhaltigere Praktiken zu verfolgen?
- Wie können wir unsere internen Prozesse verbessern, etwa Energieverbrauch oder Abfallmanagement, um nachhaltiger zu agieren?
- Wie können wir unsere Mitarbeiter in unser Nachhaltigkeitsbestreben einbeziehen?
- Wie können wir die Mitarbeiter dazu ermutigen, sich für nachhaltige Praktiken im Unternehmen einzusetzen?

- Wie können wir unsere Produkte und Dienstleistungen nachhaltiger gestalten?
- Welche Erwartungen haben die Kunden hier an uns?
- Wie können wir unsere Marke im Kontext der Nachhaltigkeit positionieren?
- Welche „Beweise" für eine solche Positionierung können wir glaubhaft vorlegen?
- Wie können wir unseren Kunden unsere Nachhaltigkeitsanstrengungen wirksam kommunizieren?
- Wie können wir sicherstellen, dass unsere Marketingbotschaften authentisch sind und nicht als Greenwashing wahrgenommen werden?
- Wie können wir uns belastbar von Konkurrenten abheben, die ähnliche Nachhaltigkeitsansprüche stellen?
- Welche Preise würden unsere Kunden für nachhaltigere Angebote zu bezahlen bereit sein?
- Wie können wir andere Stakeholder, wie Investoren, Regulierungsbehörden und die lokale Gemeinschaft, in unsere Nachhaltigkeitsstrategie einbeziehen?

Die Antworten auf diese Fragen können dazu beitragen, eine kohärente und wirksame Nachhaltigkeitsstrategie zur **Kommunikation der „grünen" Elemente** zu entwickeln und zu implementieren, die sowohl intern als auch extern Resonanz findet.

▶ **Nachhaltig merken** Der Chief Marketing Officer ist für das Beschaffungsmarketing, das interne Marketing und das Absatzmarketing gleichzeitig verantwortlich und sollte hierbei intensiv mit dem CSO zusammenarbeiten.

Eine wichtige Herausforderung besteht hierbei darin, eine **„grüne" Kommunikation – ohne erhobenen Zeigefinger** zu erreichen. Generell ist es wichtig, dass „grüne" Aspekte auch in der Werbung deutlich hervortreten, bspw. durch die Kommunikation von „grünen" Elementen über Etiketten und Siegel. Die Botschaft der Nachhaltigkeit muss auf dem Produkt und im Geschäft klar sichtbar sein. Es ist allerdings wichtig, dass die „grüne" Kommunikation nicht moralisierend wirkt. Niemand möchte von Marken bevormundet werden, die man selbst wählt und für die man bezahlt.

Eine Methode zur sanften Beeinflussung des Verhaltens ist das sogenannte **Nudging** (vgl. Thaler und Sunstein 2010; Grunwald und Schwill 2022, S. 92–95). Nudging, was so viel wie Anstoßen oder Schubsen bedeutet, zielt darauf ab, Menschen zu einer bestimmten Verhaltensänderung zu ermutigen, ohne Zwang auszuüben oder Verbote auszusprechen. Es verwendet auch keine wirtschaftlichen Anreize, um bestimmte Verhaltensweisen zu fördern.

3.4 Chief Sustainability Officer als „Marketing-Dompteur"

Ein **Nudge** kann als sanfter Schubs oder Denkanstoß verstanden werden. Diese Anstöße sind wichtig, um nachhaltiges Konsum- und Kaufverhalten zu fördern, ohne auf Sanktionen zurückgreifen zu müssen. Das Ziel ist es, das Verhalten von Menschen in eine bestimmte Richtung zu lenken, während sie nach wie vor die Freiheit haben, nicht auf diese Anstöße zu reagieren.

▶ **Nachhaltig merken** Nudging ist eine Methode zur Verhaltensänderung durch sanfte Denkanstöße. Die Freiheit der Wahl bleibt gewahrt, da den Anstößen nicht Folge zu leisten ist. Nudging umfasst keine Verbote oder Gebote und verwendet auch keine wirtschaftlichen Anreize.

▶ **Nachhaltig handeln** Durch Nudges können Sie Menschen motivieren, eine „bessere" Wahl zu treffen. Sie verändern durch Nudges die Entscheidungssituation von Menschen, indem Sie ihnen zusätzliche Informationen bereitstellen.

Folgende **Arten von Nudges** können unterschieden werden (vgl. Rometsch 2021; Kreutzer 2023, S. 219–229):

- **Ausweis der Produktbestandteile**
  Damit Kunden fundierte Entscheidungen treffen, können die **Inhaltsstoffe** direkt auf den Produkten aufgeführt werden. Allerdings ist es entscheidend, dass diese Inhaltsstoffe in einer leicht **verständlichen Sprache** dargestellt werden. Oft ist dies jedoch nicht der Fall. Produkte oder Verpackungen zeigen oft lange Listen von Komponenten, deren Bedeutung für den durchschnittlichen Verbraucher unklar bleibt.
- **Ausweis einer Produktbewertung**
  Es ist einfacher, wenn anstelle einzelner Produktbestandteile eine **Gesamtbewertung des Produktes** vorgenommen wird. Dafür haben sich mittlerweile zahlreiche **Labels** und **Siegel** etabliert, die das Nudging unterstützen können. Ein Beispiel dafür ist die **Ampelskala für Energieeffizienzklassen** von Elektrogeräten. Diese Kennzeichnung ist oft prominent auf der Vorderseite der Geräte platziert und kann durch ihre Klarheit wichtige Denkanstöße im Kaufprozess liefern. Auch der *Nutri-Score* und der *Eco-Score* bilden eine vergleichende Gesamtbewertung des Produktes ab.
- **Einsatz von Symbolen**
  Auf Verpackungen (bspw. Plastikflaschen) werden verschiedene Symbole eingesetzt. Diese weisen – häufig allerdings nur für Experten ersichtlich – auf Einweg, Mehrweg oder ein Recycling-Potenzial hin. Vielfach hat man den

Eindruck, dass den Käufern entsprechender Produkte durch solche Symbole schlicht ein gutes Gefühl einer „wie auch immer aussehenden Wiederverwertung" suggeriert werden soll, ohne dass diese tatsächlich auch erfolgt.

- **Einsatz von Warnhinweisen**
Nudges können sich auch als explizite Warnhinweise manifestieren, etwa als abschreckende **Bilder auf Zigarettenpackungen**. Der Erfolg solcher Bilder und Hinweise ist offensichtlich, wenn Kunden an Flughäfen mit mehreren Stangen Zigaretten an der Kasse stehen oder genüsslich eine Zigarette aus einer Packung mit solchen Bildern entnehmen! Gelegentlich finden sich auch Warnhinweise auf Wein und anderen alkoholischen Getränken (Motto: Kein Alkoholkonsum während der Schwangerschaft).

- **Hinweis auf soziale Normen**
Um Menschen zur Umsetzung gewünschter – nachhaltiger – Verhaltensweisen zu ermutigen, können Unternehmen auch hervorheben, dass bereits viele andere Personen das gewünschte Verhalten an den Tag gelegt haben. Hotels setzen regelmäßig diese Art von Nudges ein. Dann könnte es zum Beispiel heißen:
  - „9 von 10 unserer Gäste nutzen ihr Handtuch mehrmals" oder
  - „Haben Sie schon einmal darüber nachgedacht, wie viel Wasser und Waschmittel täglich in Hotels für frische Handtücher aufgewendet werden müssen?"

  Mit solchen Aussagen, die prominent im Badezimmer platziert sind, soll das Verhalten der Gäste in Richtung „Mehrfachnutzung" gesteuert werden.
  Anstelle der Überlegung, einen **verpflichtenden Veggie-Tag** in Kantinen einzuführen, könnten die Vorteile einer – zumindest teilweise – vegetarischen Ernährung durch Nudging betont werden. So könnte es heißen: „Haben Sie jemals darüber nachgedacht, welche Ressourcen zur Erzeugung von 500 g Fleisch im Vergleich zu 500 g Gemüse erforderlich sind? Was ist wohl besser für unsere Umwelt?"

- **Voreinstellungen**
Voreinstellungen (auch Default-Werte genannt) stellen eine besonders effektive Methode des Nudgings dar. Sie weisen den Nutzer bereits in die präferierte Richtung. Bei der Online-Buchung eines Fluges könnte die **Option zur Kompensation von Emissionen** bereits standardmäßig ausgewählt sein. In diesem Fall muss der Nutzer eine aktive Anpassung vornehmen, wenn er die voreingestellte Kompensation nicht akzeptieren möchte.

- **Platzierung**
Im **Handel** gibt es diverse Möglichkeiten, Nudging wirksam einzusetzen. So könnten nachhaltigere Produkte auf Augenhöhe der Kunden platziert werden oder auf Flächen mit hoher Kundenfrequenz. Auch im **Online-Handel** können solche Produkte prominent in den Suchergebnissen oder auf der Startseite des

3.4 Chief Sustainability Officer als „Marketing-Dompteur"

Online-Shops angezeigt werden, um den Kunden zum nachhaltigen Kauf zu bewegen. Auf diese Weise stolpern auch Kunden, die nicht speziell nach nachhaltigen Produkten suchen, automatisch über diese.

- **Nachhaltig handeln**
Leitgedanke: Sichtbarkeit erzeugt Nachfrage!
In Besprechungsräumen könnten die häufig geliebten Kekse eher unauffällig auf einer Anrichte platziert werden, während frisches Obst direkt auf dem Besprechungstisch angeboten wird. In Kantinen könnten gesündere Lebensmittel auf Augenhöhe und in Griffreichweite präsentiert werden, um so das Besucherverhalten in diese Richtung zu lenken.
- **Unmittelbares Feedback**
Nudges finden sich auch im **Straßenverkehr**. Hier wird uns durch einen Smiley oder einen Frowney als unmittelbare **Rückmeldung** angezeigt, ob wir die vorgeschriebene Geschwindigkeit einhalten oder nicht. Auch bei diesen Nudges bleibt es den Fahrern jeweils überlassen, ob sie ihre Geschwindigkeit anpassen oder nicht.
- **Appell an die eigenen Möglichkeiten und Fähigkeiten**
Ein Nudge kann die Aufmerksam der Menschen auch darauf lenken, welches „Potenzial zur Rettung der Welt" jeder Einzelne in sich trägt. Hier zwei berühmte Nudges, die auf die Selbstwirksamkeit zielen:

Konfuzius
„Oft ist das, was Du sucht, bereits in Dir!" (Konfuzius 2022)
John F. Kennedy
„Und deshalb, meine amerikanischen Mitbürger: Fragt nicht, was Euer Land für Euch tun kann – fragt, was Ihr für Euer Land tun könnt.
Meine Mitbürger in der ganzen Welt: Fragt nicht, was Amerika für Euch tun wird, sondern fragt, was wir gemeinsam tun können für die Freiheit des Menschen."
(Antrittsrede von John F. Kennedy, 20. Januar 1961)

- **Sinn stiften**
Die anspruchsvollste Form der Verhaltenssteuerung sind Nudges, die eine **größere Bedeutung für den Menschen** vermitteln. Dazu gehören Spendenaufrufe, die dazu dienen, die akute Notlage von Menschen zu mindern oder – im weitesten Sinne – einen Beitrag zur Rettung der Welt zu leisten. Auch ein nachhaltiges Einkaufsverhalten kann mit einer solchen Erzählung verbunden werden. Durch einen **Feedback-Mechanismus** kann auch hier gleichzeitig ein Appell an das Gefühl der **Selbstwirksamkeit** erfolgen. Damit wird demjenigen, der entsprechend handelt, sichtbar und nachvollziehbar gemacht, dass sein Engagement tatsächlich etwas bewirkt hat. Dies ermöglicht es, die Haltung „Was kann ich als Einzelperson schon bewirken?" zu überwinden.

Jedes Unternehmen ist zum Testen aufgerufen, welche **Nudging-Konzepte** am besten geeignet sind, um bei der eigenen Klientel nachhaltiges Verhalten zu fördern. Die Herausforderung für den Chief Sustainability Officer, den Chief Marketing Officer und das gesamte Marketingteam gleichermaßen besteht jedoch stets darin, die langfristigen Anforderungen der Welt mit den kurzfristigen Bedürfnissen der Kunden und den kurz- und langfristigen Zielen des Unternehmens in Einklang zu bringen. Eine nachhaltige Unternehmensführung ist nicht möglich, wenn die Kunden die „grünen Angebote" ablehnen und/oder das Unternehmen seine Leistungserbringung nicht profitabel gestalten kann. Hier sind wir wieder beim Dreiklang: Planet – People – Profit (vgl. Abb. 2.5).

Unternehmen sollten in ihrer **Nachhaltigkeitskommunikation** keinen belehrenden, moralisierenden Ton anschlagen. Die Herausforderung besteht darin, „Nachhaltigkeit" nicht mit Verzicht und Frustration, sondern mit Freude und Lebensqualität zu verknüpfen – gerade auch für zukünftige Generationen. Ein nachhaltiger, grüner Konsum sollte ohne große mentale und wirtschaftliche Aufwände in den Alltag integrierbar sein.

Idealerweise gelingt es, ein **Gefühl des Wohlbefindens** im Zusammenhang mit Nachhaltigkeit zu erzeugen: attraktive, nachhaltige Produkte, die der Umwelt nicht schaden und für deren Kauf man sich nicht in seinem Freundeskreis rechtfertigen muss! Nudging kann einen wichtigen Beitrag auf diesem Weg leisten.

▶ **Nachhaltig handeln** Streben Sie eine **Lust-Kommunikation** an – eine Kommunikation, die Lust auf Nachhaltigkeit macht. Verzichten Sie auf den erhobenen Zeigefinger. Der hat uns schon bei unseren Eltern und Lehrern nicht wirklich gefallen.

Grüne Kommunikation soll Lust auf Nachhaltigkeit machen.

▶ **Nachhaltig merken** Eine grüne Markenführung ist für alle Unternehmen relevant.

„Nachhaltigkeit" ist von einem Nice-to-have-Thema zu einem Must-have-Thema geworden.

Der Begriff **„Marketing-Dompteur"** macht auf ironische Weise deutlich, was hier gemeint ist. Es ist die Aufgabe des CSOs, das Marketing einmal anzuschieben und ein anderes Mal zu bremsen. Auch hier ist Teamarbeit erforderlich, damit das Nachhaltigkeitsräderwerk des Unternehmens gut funktionieren kann.

3.5 Chief Sustainability Officer als Sustainability-Controller

Die in Abschn. 2.3 dargestellten Handlungsdimensionen Planet, People und Profit müssen sich ebenfalls im Monitoring und Controlling der Nachhaltigkeit widerspiegeln. Das **Nachhaltigkeitsmonitoring**, auch als **grünes Monitoring** bekannt, überwacht kontinuierlich laufende Prozesse. Es beinhaltet die systematische Beobachtung von Prozessen, um deren Einfluss auf die Nachhaltigkeit des Unternehmens zu erfassen.

▶ **Nachhaltig merken** Das **Ziel des Nachhaltigkeitsmonitorings** ist es zu ermitteln, ob die laufenden Prozesse wie beabsichtigt laufen. Hierfür müssen festgelegte Schwellenwerte eingehalten werden. Sollte dies nicht der Fall sein, kann umgehend interveniert werden.

Das **Nachhaltigkeitscontrolling**, auch als **grünes Controlling** bezeichnet, bereitet entscheidungsrelevante Informationen aus allen Bereichen der nachhaltigen Unternehmensführung auf. Bei diesem Ansatz werden die traditionellen ökonomischen Steuerungsgrößen durch soziale und ökologische Indikatoren ergänzt. Hierbei wird der Chief Sustainability Officer idealerweise vom Chief Financial Officer unterstützt und beraten, um die festgelegten Nachhaltigkeitsziele erreichen zu können (vgl. Schaltegger 2023; Colsmann 2016).

▶ **Nachhaltig merken** Das **Nachhaltigkeitscontrolling** ist eine unverzichtbare Komponente, um eine dauerhafte Ausrichtung der Wertschöpfungslogik und somit des gesamten Geschäftsmodells eines Unternehmens auf Nachhaltigkeit zu gewährleisten.

Je nach Geschäftsmodell können folgende **Key Performance Indicators** (KPIs) für das Nachhaltigkeitsmonitoring und das Nachhaltigkeitscontrolling für Unternehmen eingesetzt werden:

- Verwendung von Materialien (Öl, Gas, Strom, Wasser, Landfläche usw.)
- Ausstoß von Schadstoffen (CO_2, verschmutztes Wasser, kontaminierte Böden, Lärmemissionen etc.)
- Mengen an Abfall sowie erreichte Quoten in den Bereichen Aufbereitung, Wiederaufarbeitung und Recycling
- Nachhaltige Produktion innerhalb der Wertschöpfungskette

- Art und Umfang von durchgeführten Kompensationen für nicht vermeidbare Emissionen
- Umsetzung von Gleichberechtigung und Diversität
- …

Zusätzliche Kriterien können unternehmensspezifisch auf Basis der gesetzlichen Anforderungen (vgl. Abschn. 3.2) sowie der verschiedenen Aktionsbereiche der Kreislaufwirtschaft (vgl. Abschn. 3.3) abgeleitet werden. Diese Nachhaltigkeits-KPIs werden beim Monitoring und Controlling eingesetzt, um Fortschritte auf dem Weg in Richtung Nachhaltigkeit kontinuierlich zu überprüfen.

▶ **Nachhaltig merken** Beim Nachhaltigkeitsmonitoring und Nachhaltigkeitscontrolling fließen ökonomische, soziale und ökologische Kriterien gleichermaßen in die Analyse und Bewertung ein. Soziale und ökologische Folgen dürfen dabei nicht als sekundäre Bedingungen des unternehmerischen Handelns betrachtet werden, sondern stehen auf gleicher Stufe wie die ökonomischen Kriterien. Das ist das Herzstück des **Triple-Bottom-Line-Konzepts** (vgl. Abschn. 2.4).

Ziele und Fragestellungen des Öko-Audits

Ein **Öko-Audit** ist ein Prozess, in dem ein Unternehmen seine eigene Praxis hinsichtlich der Erreichung von Nachhaltigkeitszielen untersucht. Die gewonnenen Erkenntnisse können zur Verbesserung der Geschäftsaktivitäten beitragen. Ein solches Audit kann strategisch ausgerichtet sein, um die Nachhaltigkeit der Unternehmensstrategien zu beurteilen. Es kann auch auf die operationellen Aspekte fokussieren, um das Ausmaß der bereits erreichten Nachhaltigkeit in der täglichen Praxis zu ermitteln.

Im Rahmen eines **Öko-Audits** können die folgenden Aspekte untersucht werden (vgl. Baumgarth und Binckebanck 2018, S. 295–297):

- **Verankerungslücke**
  - Gibt es Bereiche im Unternehmen, in denen die Nachhaltigkeitswerte nicht so stark ausgeprägt sind wie in anderen?
  - Werden Mitarbeiter ausreichend geschult und unterstützt, um die Nachhaltigkeitswerte im täglichen Betrieb umzusetzen?
  - Wo ist dies nicht der Fall und welche Maßnahmen sind zur Beseitigung dieser Verankerungslücke hilfreich?

3.5 Chief Sustainability Officer als Sustainability-Controller

- **Umsetzungslücke**
  - Werden Nachhaltigkeitsziele durchgehend in strategische und operative Ziele übersetzt?
  - Gibt es klare Richtlinien und Verfahren, damit die verschiedenen Unternehmensbereiche die definierten Nachhaltigkeitsziele auch tatsächlich anstreben?
  - Wer überwacht die kontinuierliche Umsetzung der auf Nachhaltigkeit abzielenden Maßnahmen?
  - Welche Reporting-Konzepte werden wie konsequent eingesetzt?
- **Erlebnislücke**
  - Werden die Kunden über die Nachhaltigkeitsbemühungen des Unternehmens umfassend und in einer für die Kunden relevanten Form informiert?
  - Kommen diese Botschaften bei den Kunden auch an?
  - Werden durch diese Botschaften bei den Kunden positive Gefühle – i. S. eine positiven Customer Experience – ausgelöst?
- **Glaubwürdigkeitslücke**
  - Wie wird die Authentizität der Nachhaltigkeitsbemühungen des Unternehmens von den internen und externen Stakeholdern erlebt?
  - Wie weit stimmen die Elemente der Green Brand Identity mit dem Green Brand Image bei den relevanten Stakeholdern überein?
  - Wie werden Beschwerden und Bedenken in Bezug auf die Nachhaltigkeitsaktivitäten des Unternehmens behandelt und gelöst?

Im Hinblick auf die Einhaltung der Anforderungen des Lieferkettengesetzes ist zusätzlich ein **Audit zum Risikomanagement** durchzuführen (vgl. Abschn. 3.2).

Ziele und Fragestellungen der Ökobilanz

Die **Ökobilanz** ist ein systematisches Verfahren zur Bewertung der Umweltauswirkungen von Produkten, Dienstleistungen oder Aktivitäten entlang des gesamten Produktlebenszyklus: von der Gewinnung der Rohstoffe über die Herstellung, den Gebrauch bis hin zur Entsorgung oder Wiederverwertung. Deshalb wird hier auch von einer **Lebenszyklusanalyse** bzw. vom **Life Cycle Assessment** gesprochen. Die Zielsetzung der Ökobilanz ist es, potenzielle Umweltauswirkungen und Verbesserungspotenziale aufzudecken, um fundierte Entscheidungen zur Verringerung der Umweltbelastung treffen zu können. Bei der **Erstellung von Ökobilanzen** sind zwei **Grundsätze** zu beachten (vgl. Umweltbundesamt 2022):

- **Ressourcenübergreifende Betrachtung**
  Im Zuge der Erstellung einer Ökobilanz sind alle potenziellen Schadwirkungen auf die Umwelt zu berücksichtigen (bspw. auf Boden, Luft, Wasser).
- **Stoffstromintegrierte Betrachtung**
  Zusätzlich sind alle mit dem jeweils untersuchten System verbundenen Stoffströme zu betrachten. Hier ist an die Nutzung von Rohstoffen, an Emissionen aus Ver- und Entsorgungsprozessen, an die Energieerzeugung, an Transporte und weitere Prozesse zu denken.

Die **Normen zur Ökobilanzierung** sind in den **ISO-Standards** 14040:2006 und 14044:2006 international niedergelegt. Diese wurden durch DIN EN ISO 14040 und DIN EN ISO 14044 in das **deutsche Normenwerk** übertragen. Hier ist beschrieben, dass eine Ökobilanz folgende vier Bereiche abdecken muss (vgl. Umweltbundesamt 2022):

1. **Definition der Ziele und des jeweiligen Untersuchungsrahmens**
   In ersten Schritt wird der Anwendungsbereich der Ökobilanz festgelegt, inklusive der Ziele der Untersuchung, der Grenzen des Systems (u. a. welcher Lebenszyklusabschnitt), der funktionalen Einheit (d. h. Produkte oder Dienstleistungen, die als Basis für die Berechnung dienen) und der zu berücksichtigenden Umweltauswirkungen (z. B. Treibhausgasemissionen, Wasserverbrauch).
2. **Erstellung einer Sachbilanz/Inventaranalyse**
   Dieser Schritt umfasst die Datenerhebung und Quantifizierung aller relevanten Inputs und Outputs innerhalb des definierten Systems. Das schließt den Einsatz von Energie und Rohstoffen sowie die Emissionen in Luft, Wasser und Boden ein.
3. **Abschätzung der Auswirkungen**
   Hier werden die erhobenen Daten aus der Inventaranalyse hinsichtlich ihrer Umweltauswirkungen analysiert und bewertet. Die Ergebnisse werden auf verschiedene Kategorien der Umweltwirkungen bezogen. Hierzu zählen Klimawandel, Ozonabbau, Versauerung, Eutrophierung (Anreicherung von Nährstoffen in einem Ökosystem), Humantoxizität (Ausmaß der Giftwirkung einer toxischen Substanz auf den Menschen) usw.
4. **Auswertung und Interpretation der ermittelten Daten**
   Die letzte Phase der Ökobilanz besteht in der Auswertung und Interpretation der Ergebnisse. Hierbei wird geprüft, ob die ursprünglichen Ziele und Erwartungen erfüllt wurden und inwiefern Verbesserungspotenziale bestehen. Entsprechende Empfehlungen für Maßnahmen zur Steigerung der ökologischen Performance werden abgeleitet.

3.5 Chief Sustainability Officer als Sustainability-Controller

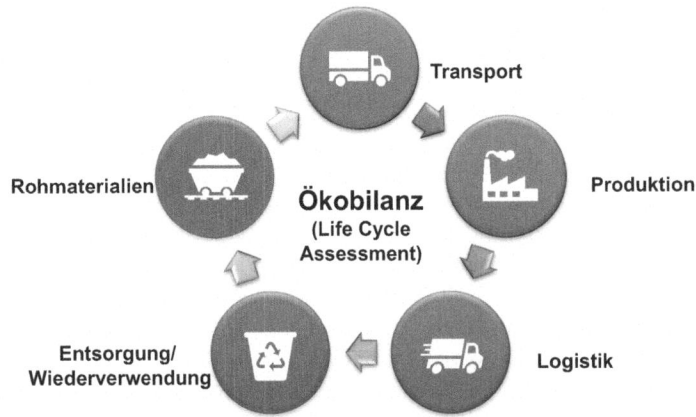

Abb. 3.7 Analysefelder einer Ökobilanz

Das *Umweltbundesamt* ist mit der Entwicklung und Fortschreibung dieser ISO-Standards sowie der eingesetzten Methoden befasst. Die relevanten **Analysefelder einer Ökobilanz** zeigt Abb. 3.7.

▷ **Nachhaltig merken** Eine **Ökobilanz** unterscheidet sich von anderen Konzepten insofern, als sämtliche Umweltwirkungen berücksichtigt werden. Der CO_2-**Fußabdruck** (**Carbon Footprint**) und der **Wasser-Fußabdruck** (**Water Footprint**) erfassen jeweils nur eine Umweltdimension. Die für deren Berechnung verwendeten Methoden können auch bei der Erstellung einer Ökobilanz eingesetzt werden.

Die Ökobilanz ist ein wertvolles Instrument für den Chief Sustainability Officer, um die Umweltauswirkungen eines Produkts oder einer Dienstleistung umfassend zu erfassen und zu bewerten. Ihre Erstellung erfordert eine sorgfältige Datenerhebung und Datenanalyse. Hierfür ist der CSO aufgerufen, mit internen und externen Spezialisten zusammenzuarbeiten.

Ermittlung des Corporate und Product Carbon Footprints

Der Corporate Carbon Footprint und der Product Carbon Footprint sind wichtige Instrumente zur Quantifizierung und Steuerung der Treibhausgasemissionen eines Unternehmens. Für einen Chief Sustainability Officer sind sie aus mehreren Gründen von zentraler Bedeutung:

- **Einhaltung gesetzlicher Vorgaben**
  In vielen Ländern gibt es bereits Gesetze und Vorschriften, die Unternehmen dazu verpflichten, ihren CO_2-Fußabdruck zu ermitteln und zu melden. Hier ist ein tiefes Verständnis der eigenen CO_2-Emissionen unverzichtbar, um Compliance-Anforderungen zu erfüllen.
- **Transparenz und Verantwortung**
  Der Corporate Carbon Footprint und der Product Carbon Footprint liefern eine klare und nachvollziehbare Bewertung der Umweltauswirkungen eines Unternehmens bzw. eines Produkts. Durch die Ermittlung dieser Kennzahlen kann ein Unternehmen transparent machen, in welchen Bereichen und in welchem Umfang es zum Klimawandel beiträgt.
- **Identifizierung von Einsparpotenzialen**
  Die Footprints helfen, die wichtigsten Quellen von Emissionen innerhalb der Unternehmensaktivitäten oder der Produktlebenszyklen zu identifizieren. Damit liefern sie wertvolle Hinweise darauf, wo Emissionsminderungen am effektivsten erreicht werden können.
- **Strategische Entscheidungsfindung**
  Die Daten der Footprints sind die Grundlage für die Entwicklung und Implementierung von Nachhaltigkeitsstrategien. Sie unterstützen die Entscheidungsfindung, indem sie aufzeigen, wo Investitionen in Technologie oder Verfahren zur Emissionsminderung am dringendsten benötigt werden und wo sie den größten Nutzen bringen könnten.
- **Risikomanagement**
  Mit der Kenntnis der eigenen Footprints kann ein Unternehmen besser auf zukünftige regulatorische Änderungen reagieren. Hier ist bspw. an die Einführung oder Erhöhung von Preisen für CO_2-Emissionen oder generell strengere Emissionsstandards zu denken. Ein Verständnis für das eigene Emissionsprofil kann dazu beitragen, finanzielle und betriebliche Risiken zu minimieren.
- **Reputation und Vertrauen**
  Ein verantwortungsvoller Umgang mit dem eigenen CO_2-Fußabdruck kann das Ansehen eines Unternehmens in der Öffentlichkeit verbessern. Zusätzlich kann das Vertrauen von Kunden, Investoren und anderen Stakeholdern gestärkt werden. Dies kann einen Wettbewerbsvorteil bedeuten und zu einer gesteigerten Kundentreue und einer höheren Attraktivität für Investoren führen.

Insgesamt tragen die Carbon Footprints dazu bei, die Nachhaltigkeitsleistung eines Unternehmens zu bewerten, zu steuern und kontinuierlich zu verbessern. Sie sind daher unverzichtbare Werkzeuge für einen Chief Sustainability Officer.

3.5 Chief Sustainability Officer als Sustainability-Controller

Die **Ermittlung des Corporate Carbon Footprints** und des **Product Carbon Footprints** folgt in der Regel anerkannten internationalen Standards wie dem *Greenhouse Gas Protocol* (*GHG Protocol*) oder der ISO-Norm 14067. Wie der Gesamtprozess zur Ermittlung der Footprints aussieht, wird nachfolgend aufgezeigt:

- **Scoping**
  Im ersten Schritt wird festgelegt, welche Emissionen in die Berechnung einfließen sollen. Im *GHG Protocol* werden drei sogenannte Scopes (i. S. von Anwendungsbereichen) unterschieden:
  - **Scope 1**
    Scope 1 umfasst alle **direkten Emissionen**, die das Unternehmen verursacht. Hierzu zählt bspw. die Verbrennung von Treibstoffen.
  - **Scope 2**
    Scope 2 widmet sich den **indirekten Emissionen aus dem Energieverbrauch** eines Unternehmens. Dazu gehört der Bezug von Strom, Wärme und Kälte.
  - **Scope 3**
    Scope 3 umfasst alle **anderen indirekten Emissionen entlang der Wertschöpfungskette**. Dazu zählen die Emissionen, die bei Zulieferern und Dienstleistern, aber auch bei Geschäftsreisen, dem Ge- und Verbrauch sowie der Entsorgung von Produkten etc. anfallen.
- **Datenerhebung**
  Im nächsten Schritt werden Daten zu den identifizierten Emissionsquellen gesammelt. Dabei kann es sich um Verbrauchsdaten (etwa von Strom oder Brennstoffen), Transportdaten oder auch um Informationen zur Beschaffung von Rohstoffen handeln.
- **Berechnung der Emissionen**
  Auf Basis der erhobenen Daten werden die Emissionen berechnet. Dazu werden die jeweiligen Aktivitätsdaten mit Emissionsfaktoren multipliziert, die angeben, wie viel CO_2-Äquivalent pro Einheit einer Aktivität freigesetzt wird. Emissionsfaktoren können aus offiziellen Datenbanken oder aus spezifischen Lebenszyklus-Datenbanken bezogen werden.
- **Überprüfung und Validierung**
  Die errechneten Ergebnisse sollten überprüft und validiert werden. Dazu kann ein internes Audit oder auch eine externe Überprüfung durch eine unabhängige Instanz durchgeführt werden.

- **Berichterstattung und Kommunikation**
  Die Ergebnisse werden in einem Bericht zusammengefasst und veröffentlicht. Dieser sollte Informationen zu den Methoden und Annahmen enthalten, die bei der Berechnung verwendet wurden, um eine hohe Transparenz zu gewährleisten.
- **Maßnahmenplanung und Monitoring**
  Basierend auf den Ergebnissen können Maßnahmen zur Reduzierung der Emissionen geplant und umgesetzt werden. Die Ermittlung des Carbon Footprints sollte regelmäßig wiederholt werden, um die Fortschritte bei der Emissionsreduktion zu überwachen und zu steuern.

Es ist zu beachten, dass sowohl der Corporate Carbon Footprint als auch der Product Carbon Footprint sehr komplex sind und von vielen verschiedenen Faktoren abhängen. Sie erfordern eine sorgfältige Datenerhebung und -analyse sowie fundiertes Wissen über die zugrunde liegenden Prozesse und Technologien. Es kann daher sinnvoll sein, bei der Ermittlung dieser Kennzahlen weitere Experten einzubinden.

Welcher weite Weg von den CSOs bei der Erfassung der Carbon Footprints noch zu gehen ist, zeigt eine repräsentative Studie des Bitkom (2022). In dieser Studie wurden 506 deutsche Unternehmen mit mindestens 20 Mitarbeitern befragt. Die Vorgehensweisen der Unternehmen bei **Erfassung und Ausgleich des eigenen ökologischen Fußabdrucks** sieht wie folgt aus:

- 28 % der Unternehmen setzen auf die digitale Erfassung ihrer CO_2-Emissionen.
- 30 % der Unternehmen planen die Implementierung einer digitalen Erfassung ihrer CO_2-Emissionen.
- 35 % der befragten Unternehmen kompensieren ihre CO_2-Emissionen aktiv.
- 34 % der Befragten planen, zukünftig ihre CO_2-Emissionen zu kompensieren.

Hier wird in Summe noch ein großer Handlungsbedarf sichtbar.

Controlling einer grünen Markenführung
Auch die grüne Markenführung muss kontinuierlich überwacht werden, um die gewünschte Ausrichtung sicherzustellen. Hierfür können u. a. die folgenden KPIs eingesetzt werden:

- Prozentuale Anteil von Produkten/Dienstleistungen, die auf **nachhaltigem Design** basieren, am gesamten Angebot
- Prozentualer Anteil des **Umsatzes** mit nachhaltigen Angeboten am Gesamtumsatz

3.5 Chief Sustainability Officer als Sustainability-Controller

- Prozentualer Anteil des **Sortiments im Handel** bzw. des **Angebots von Herstellern**, das nachhaltige Produkte umfasst (gemessen am jeweiligen Umsatz)
- Prozentualer Anteil des **Werbebudgets**, der für die Bewerbung nachhaltiger Produkte aufgewendet wird
- Prozentualer Anteil des gesamten **Investitionsbudgets** für die Produktentwicklung, der für nachhaltige Alternativen verwendet wird
- Prozentualer Anteil der **variablen Vergütung**, der auf Nachhaltigkeitsziele abzielt

Anhand dieser und weiterer KPIs kann laufend ermittelt werden, ob das Unternehmen bei einer gewünschten „Grünwerdung" auf gutem Weg ist. Der CSO ist im Zusammenspiel mit dem Chief Marketing Officer aufgerufen, weitere unternehmensspezifische KPIs zu ermitteln. Auf der Grundlage der hier ermittelten Ergebnisse kann glaubwürdig über die Ausrichtung auf Nachhaltigkeit berichtet werden.

Balanced Scorecard mit Nachhaltigkeitsmodul
Die Balanced Scorecard mit Nachhaltigkeitsmodul stellt eine Erweiterung der traditionellen Balanced Scorecard dar, wie sie von Kaplan und Norton (1997) konzipiert wurde. Diese verknüpft verschiedene Ansichten und Ebenen von Unternehmens- und/oder Abteilungszielen und bildet so ein mehrdimensionales Zielsystem – quasi das **Kontrollzentrum des Unternehmens**. Neben den finanziellen Zielen definiert die traditionelle Balanced Scorecard auf der gleichen Hierarchieebene auch prozess-, kunden- und mitarbeiterorientierte Ziele. Diese Ziele sollen gleichzeitig erreicht werden, wodurch eine Hierarchie dieser Ziele entfällt.

Eine Balanced Scorecard soll sicherstellen, dass bei der Unternehmensführung gleichzeitig mehrere strategische Perspektiven der Leistungsbewertung berücksichtigt werden. Der Begriff „balanced" verdeutlicht, dass das Unternehmen eine ausgewogene Zielerreichung in allen Leistungsbereichen anstrebt. Die Leistungsbewertung wandelt eine traditionelle Zielhierarchie in ein Zielesystem, um das **Stakeholder-Konzept** zu berücksichtigen. Nach diesem Konzept erreicht ein Unternehmen sein Gesamtziel erst dann, wenn eine ausgewogene Zielerreichung im Hinblick auf mehrere Stakeholder-Gruppen gewährleistet ist. Deshalb werden Ziele für die folgenden Bereiche definiert:

- **Finanzielle Perspektive**
  Wie können wir unseren Anteilseignern (Shareholdern) die finanziellen Erfolge nachweisen? Hier werden finanzielle Kennzahlen wie Kosten, Umsatz, Gewinn und Risiken abgebildet.

- **Kundenperspektive**
  Wie können wir messen, in welchem Ausmaß wir unsere Kunden mit der Umsetzung von Purpose, Vision und Mission überzeugt haben? Hierzu werden Kriterien wie Akquisitionskosten für die Kundengewinnung, Kundenloyalität sowie Empfehlungen und Bewertungen durch Kunden herangezogen.
- **Prozessperspektive**
  Wie können wir ermitteln, welche Prozesse effizient und effektiv sind? Hier werden alle Prozesse der Leistungserstellung beleuchtet, von Einkauf über Forschung & Entwicklung und Produktion bis hin zu Vertrieb und Marketing.
- **Mitarbeiterperspektive**
  Wie können wir feststellen, ob unsere Mitarbeiter vom Purpose, der Vision und der Mission überzeugt sind? Wie können wir erfassen, ob Mitarbeiter aktiv und erfolgreich an deren Umsetzung mitwirken? Hierbei wird auch die Lernperspektive berücksichtigt. Es wird analysiert, wie umfassend der Wissensstand in der Belegschaft ist und wie hoch die Zufriedenheit und Motivation der Mitarbeiter ausfallen.

Die **Balanced Scorecard mit Nachhaltigkeitsmodul** ergänzt diese Perspektiven um das folgende Modul:

- **Nachhaltigkeitsperspektive**
  Wie können wir ermitteln, welche Auswirkungen der unternehmerische Bedarf an Rohstoffen, die Produktions- und Verpackungsprozesse, die Distribution der Angebote, deren Nutzung und Entsorgung auf Mensch und Umwelt haben? Hier werden die gesamten ökologischen und sozialen Auswirkungen des unternehmerischen Handelns erfasst.

Diese zusätzliche Fragestellung ermöglicht dem CSO eine systematische Integration von ökologischen und sozialen Nachhaltigkeitsaspekten in die Balanced Scorecard. Hierdurch werden die drei Pfeiler des Nachhaltigkeitskonzepts – People, Planet, Profit – in einem einzigen Instrument zusammengeführt. Die Platzierung der Nachhaltigkeitsziele auf der gleichen Ebene wie alle anderen Ziele soll das unternehmerische **Bewusstsein für die Nachhaltigkeit** schärfen (vgl. Abb. 3.8).

Statt einer fünften Perspektive in der Balanced Scorecard können Nachhaltigkeitsindikatoren auch in die traditionellen vier Perspektiven integriert werden. Eine höhere Transparenz wird jedoch erreicht, wenn eine spezifische Nachhaltigkeitsperspektive eingeführt wird, wie sie in Abb. 3.8 dargestellt ist.

3.5 Chief Sustainability Officer als Sustainability-Controller

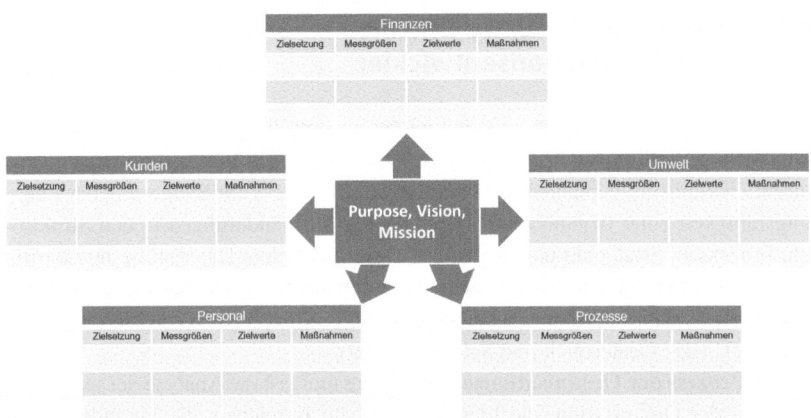

Abb. 3.8 Balanced Scorecard mit Nachhaltigkeitsmodul

▶ **Nachhaltig merken** Jedes Unternehmen ist gut beraten, eine **Balanced Scorecard mit Nachhaltigkeitsmodul** zu erstellen und für die Gesamtsteuerung des Unternehmens zu nutzen. So wird die Balanced Scorecard zu einem KPI-Dashboard, das auch die Kontrolle der Nachhaltigkeitsprozesse unterstützt.

Analyse der Nachhaltigkeitscompliance
Im Zusammenspiel mit der ComplicancaAbteilung, die oftmals im rechtlichen Bereich des Unternehmens angesiedelt ist, muss der Chief Sustainability Officer die **Nachhaltigkeitscompliance (Green Compliance)** überwachen. Hierbei liegt der Fokus auf der Erfüllung gesetzlicher Verpflichtungen. Einige Unternehmen gehen jedoch über diese gesetzlichen Anforderungen hinaus und legen eigene Verpflichtungen in Form von **Verhaltenskodizes** fest. Auch die Einhaltung dieser Vorgaben ist durch die Nachhaltigkeitscompliance zu prüfen. Die **Überwachung der Nachhaltigkeitscompliance** kann durch regelmäßige Audits erfolgen.

Im Kontext einer Compliance ist auch die kontinuierliche **Weiterbildung und Sensibilisierung der Mitarbeiter** für Nachhaltigkeitsthemen sicherzustellen. Nur dann ist die gesamte Belegschaft in der Lage, Nachhaltigkeit in ihrer täglichen Arbeit umzusetzen. Zudem sollte ein wirksames Berichterstattungssystem implementiert werden, um potenzielle **Complianceverstöße** zu erkennen und darauf reagieren zu können.

3.6 Chief Sustainability Officer als Organisationsentwickler

Der Chief Sustainability Officer spielt auch eine entscheidende Rolle bei der **Organisationsentwicklung** in Bezug auf Nachhaltigkeit. Im Kern ist die Organisationsentwicklung ein geplanter und systematischer Prozess zur Steigerung der Leistungsfähigkeit einer Organisation. Dies soll durch Veränderungen in den Strukturen, Prozessen, Strategien und der Kultur erreicht werden. Das Ziel besteht darin, Organisationen an veränderte Geschäftsumgebungen anzupassen und zu einer kontinuierlichen, zielorientierten Weiterentwicklung beizutragen (vgl. Schiersmann und Thiel 2018; Oesterreich und Schröder 2019).

Der **Prozess der Organisationsentwicklung** umfasst die Analyse des aktuellen Zustands der Organisation, die Identifikation von Bereichen, die Veränderungen benötigen, sowie die Planung und Durchführung von Interventionen, um diese Veränderungen herbeizuführen. Dem schließt sich die Bewertung der Wirksamkeit eingeleiteter Maßnahmen an. Die Organisationsentwicklung beinhaltet auch die Beteiligung der gesamten Belegschaft, um nachhaltige Veränderungen und Verbesserungen zu fördern und zu unterstützen. Letztendlich zielt die Organisationsentwicklung darauf ab, das gesamte Potenzial einer Organisation auszuschöpfen, um Purpose, Vision und Mission des Unternehmens zu erfüllen.

Im Kontext der nachhaltigen Unternehmensführung erweitert ein Chief Sustainability Officer die traditionelle Rolle der Organisationsentwicklung um das Konzept der Nachhaltigkeit. Hier sind einige spezifische Aufgaben, die ein CSO in diesem Bereich wahrnehmen sollte:

- **Strategieentwicklung für Nachhaltigkeit**
  Der CSO sollte eine klare und umfassende Strategie für Nachhaltigkeit entwickeln, die sowohl kurzfristige als auch langfristige Ziele festlegt. Diese Strategie sollte auf den Kerngeschäftsfunktionen und -zielen des Unternehmens basieren und klare Kriterien für die Messung und Bewertung des Fortschritts enthalten. Der CSO hat darauf hinzuwirken, dass die weitere Organisationsentwicklung diese Aspekte vollumfänglich berücksichtigt.
- **Integration der Nachhaltigkeit in die Unternehmenskultur**
  Es ist entscheidend, dass Nachhaltigkeit nicht als separate Initiative betrachtet wird, sondern als integraler Bestandteil der Unternehmenskultur. Der CSO sollte Programme und Initiativen entwickeln, um das Bewusstsein und die Wertschätzung für nachhaltiges Denken und Handeln in der gesamten Organisation zu fördern. Schließlich gilt auch hier der *Peter Drucker* zugeschriebene Satz:

3.6 Chief Sustainability Officer als Organisationsentwickler

Culture eats strategy for breakfast.
Wenn die Kultur die Entwicklung in Richtung einer nachhaltigen Unternehmensführung nicht unterstützt, wird diese nie Realität werden! Deshalb ist der Kulturwandel durch Schulungen und Workshops zur Förderung des Bewusstseins und des Verständnisses für Nachhaltigkeit zu forcieren.

- **Optimierung von Geschäftsprozessen sowie der Aufbauorganisation**
Der CSO sollte mit seinen Kollegen vom C-Level bestehende Geschäftsprozesse überprüfen und Möglichkeiten identifizieren, um sie in Bezug auf ökologische und soziale Nachhaltigkeit zu optimieren. Dies könnte bspw. die Verringerung von Abfall, die Verbesserung der Energieeffizienz oder die Förderung von fairen Arbeitsbedingungen entlang der Lieferkette beinhalten. Ein besonders wichtiges Handlungsfeld ist hier der Einstieg in die Kreislaufwirtschaft. Der Transfer vom entsprechenden Impulsgeber zum konkreten Tun findet hier im Rahmen der Organisationsentwicklung statt (vgl. Abschn. 3.3).

    Zusätzlich ist zu prüfen, in welcher Form die Aufbauorganisation (inkl. Organigramm) weiterzuentwickeln ist, um die auf Nachhaltigkeit abzielenden Strategien umzusetzen. Schließlich gilt der Satz „Structure follows strategy" auch bei der Umsetzung einer nachhaltigen Unternehmensführung.

- **Kooperation und Partnerschaften**
Der CSO sollte aktiv Partnerschaften und Kooperationen mit externen Akteuren wie Nichtregierungsorganisationen (NGOs), Regierungsbehörden und anderen Unternehmen suchen, um gemeinsame Nachhaltigkeitsziele zu erreichen. Auch hier gilt es, die schon diskutierten Impulse in der Organisation zu verankern.

- **Kommunikation und Berichterstattung**
Transparente und regelmäßige Kommunikation über die Fortschritte in Bezug auf die Nachhaltigkeitsziele des Unternehmens ist wichtig. Der CSO sollte daher ein robustes System zur Datenerfassung und Berichterstattung implementieren und sicherstellen, dass die Kommunikation sowohl intern als auch extern klar, ehrlich und überzeugend ist. Hierfür ist eine umfassende Zusammenarbeit mit dem PR-Bereich und dem Chief Marketing Officer unverzichtbar.

Ob die Organisationsentwicklung in die richtige Richtung geht, kann anhand verschiedener Kriterien ermittelt werden, die in Abschn. 3.5 diskutiert wurden. Besonders wichtig ist es, die folgenden Bereiche in den Blick zu nehmen:

- **Erreichung der Nachhaltigkeitsziele**
  Dies ist der offensichtlichste Erfolgsindikator. Wenn das Unternehmen seine Nachhaltigkeitsziele erreicht oder übertrifft, ist dies ein starkes Zeichen dafür, dass die eingeleitete Organisationsentwicklung und damit auch der CSO erfolgreich waren. Bei diesen übergeordneten Zielen sind bspw. die Reduktion des Corporate/Product Carbon Footprints, die Erhöhung des Anteils nachhaltiger Produkte im Portfolio sowie ein weiteres Vorankommen in der Kreislaufwirtschaft zu nennen. Es ist wichtig zu betonen, dass diese Ziele nicht nur ambitioniert, sondern auch realistisch sein sollten, um gleichermaßen aussagekräftig und motivierend zu sein.

- **Verbesserung der Nachhaltigkeitskultur**
  Eine erfolgreiche Organisationsentwicklung wird anhand von messbaren Veränderungen in der Haltung und dem Verhalten der Mitarbeiter in Bezug auf Nachhaltigkeit sichtbar. Hierzu zählen unter anderem das Engagement der Mitarbeiter, welches durch Umfragen, Feedback-Runden und Teilnahme an nachhaltigkeitsbezogenen Events erfasst wird. Darüber hinaus können das Wissen und Verständnis der Mitarbeiter für Nachhaltigkeit durch Tests und Befragungen ermittelt werden. Die Implementierung nachhaltiger Praktiken am Arbeitsplatz liefert einen weiteren Messindikator. Die Teilnahme an Nachhaltigkeitsschulungen und -weiterbildungen sowie die Anzahl der von Mitarbeitern initiierten Nachhaltigkeitsprojekte sind ebenfalls signifikante Kriterien.

- **Positives Stakeholder-Feedback**
  Positive Rückmeldungen von Stakeholdern, einschließlich Kunden, können darauf hindeuten, dass die Entwicklung auf dem Pfad zu mehr Nachhaltigkeit erfolgreich war. Kunden können ihre Wertschätzung für umweltfreundliche Produkte oder Dienstleistungen ausdrücken, was sich in erhöhter Kundenzufriedenheit und Kundenloyalität zeigt. Lieferanten können eine verbesserte Zusammenarbeit dank transparenter und fairer Geschäftspraktiken bestätigen. Mitarbeiter können ihre Zufriedenheit über verbesserte Arbeitsbedingungen und die Stärkung der Unternehmenskultur zum Ausdruck bringen. Aktionäre und Investoren könnten die nachhaltige Unternehmensführung loben, die das langfristige Wachstum und die Widerstandsfähigkeit des Unternehmens sichert. Auch von Regierungsstellen, NGOs und der allgemeinen Öffentlichkeit kann positives Feedback kommen, das die Reputation des Unternehmens als verantwortungsbewussten und nachhaltigen Akteur stärkt.

- **Compliance**
 Der Erfolg einer Organisationsentwicklung kann auch daran gemessen werden, wie gut das Unternehmen die geltenden Nachhaltigkeitsvorschriften einhält und wie zielorientiert es auf neue Vorschriften reagiert. Hierfür kann die Überwachung der Nachhaltigkeitscompliance wichtige Erkenntnisse gewinnen (vgl. Abschn. 3.5).

▶ **Nachhaltig handeln Organisationsentwicklung** im Kontext der Nachhaltigkeit ist ein fortlaufender, stufenweiser Prozess, der ständig Fortschritte erfordert und Raum für Innovationen und Anpassungen lassen muss. Organisationsentwicklung ist kein Ziel, das erreicht wird, sondern eher eine dynamische Reise, die einen kontinuierlichen Wandel und das Streben nach kontinuierlicher Verbesserung erfordert. Dem Chief Sustainability Officer kommt hierbei eine zentrale Rolle zu.

3.7 Chief Sustainability Officer als Change-Manager

Organisationsentwicklung und **Change-Management** sind zwei eng miteinander verwobene Konzepte. Diese sind unerlässlich, wenn ein Unternehmen den Weg zur nachhaltigen Unternehmensführung beschreitet. Beide bilden die dynamischen Prozesse, die notwendig sind, um eine Organisation von ihrem aktuellen Zustand zu einem zukünftigen, nachhaltigeren Zustand zu transformieren.

Die **Organisationsentwicklung** konzentriert sich – wie beschrieben – auf den systematischen Wandel in der Organisationskultur sowie auf die Weiterentwicklung von Aufbauorganisation und Ablauforganisation. Das **Change-Management** liefert das flankierende Instrumentarium, um diese Veränderungen auf organisatorischer, teambasierter und individueller Ebene zu steuern und zu begleiten. Es handelt sich um einen konzeptionellen Ansatz zur Vorbereitung und Unterstützung von Einzelpersonen, Teams und Organisationen bei der Umstellung von einem aktuellen Zustand auf einen neuen, nachhaltigeren Modus Operandi (vgl. auch Lauer 2019; von Hehn et al. 2022).

Somit sind sowohl Organisationsentwicklung als auch Change-Management entscheidende Faktoren für die **erfolgreiche Transition zu einer nachhaltigen Unternehmensführung**. Sie bilden gemeinsam den Rahmen für die Gestaltung, Durchführung und Verankerung der notwendigen Veränderungen auf allen Ebenen eines Unternehmens.

Um die nachhaltige Transformation erfolgreich zu managen, muss der CSO erkennen, welche Rolle die verschiedenen Personen im Unternehmen bei diesem

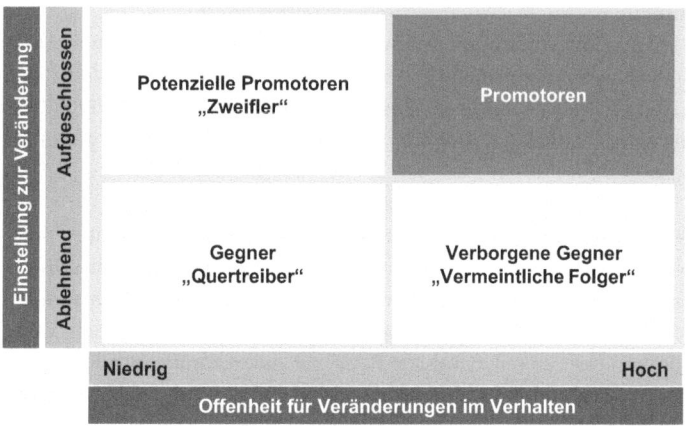

Abb. 3.9 Segmentierung von Personen bei Change-Prozessen

Veränderungsprozess einnehmen. Eine erste Idee hiervon konnte bereits durch das Stakeholder-Onion-Modell gewonnen werden (vgl. Abb. 3.2). Mitarbeiter und Führungskräfte können während des Change-Prozesses unterschiedliche **Einstellungen** aufweisen, wie in Abb. 3.9 dargestellt. Das Ausmaß, in dem diese Personen Veränderungen positiv oder negativ gegenüberstehen, hängt davon ab, welche **persönlichen Risiken** aus der ganz **subjektiven Wahrnehmung** mit der nachhaltigen Transformation verbunden werden.

Es ist anzunehmen, dass zu Beginn des Change-Prozesses ein kleines Team von Befürwortern einer großen Mehrheit von Personen gegenübersteht, die negativ eingestellt sind. Zu diesen Personen gehören **Zweifler**, die nicht an den Erfolg einer nachhaltigen Transformation glauben. Die **verborgenen Gegner** und insb. die **Quertreiber** stellen sich bewusst gegen Veränderungen. Sie verzögern Entscheidungen und boykottieren konsequent deren Umsetzung. Wenn Personen mit solchem Widerstandspotenzial im Laufe des Veränderungsprozesses nicht überzeugt werden können oder das Unternehmen verlassen, wird der Change-Prozess scheitern oder sich erheblich verzögern. Daher ist die folgende Leitidee zu beherzigen:

Betroffene sind zu Beteiligten zu machen.

Idealerweise gelingt es sogar, Führungskräfte und Mitarbeiter im Rahmen des Change-Prozesses nicht nur zu **Erfüllern**, sondern auch zu **Erfüllten** zu machen – indem sie von der Richtung des nachhaltigen Wandels überzeugt werden. Ein überzeugender und kraftvoller Purpose kann hierzu einen wichtigen Beitrag leisten. Hier ist der CSO besonders als **Storyteller** gefordert.

3.7 Chief Sustainability Officer als Change-Manager

Abb. 3.10 Klassischer Verlauf eines Change-Management-Prozesses

Auch die Zweifler und die Gegner sind konsequent in den Change-Prozess einzubeziehen. Es ist jedoch darauf zu achten, dass einzelne Teams nicht ausschließlich aus solchen Zweiflern und Gegnern bestehen. In allen Teams sind die **Promotoren** besonders gefordert. Diese Befürworter sollten als **Change-Manager** geschult und positioniert werden. Sie stellen die zentrale Ressource für einen erfolgreichen Change-Prozess dar.

Als CSO sollten Sie sich auch mit den typischen **Phasen eines Change-Prozesses** auseinandersetzen (vgl. Kubler-Ross 1969). Diese Muster werden in Abb. 3.10 anhand einer Zeitachse und der wahrgenommenen eigenen Kompetenz dargestellt.

Wenn Führungskräften und Mitarbeitern ein tiefgreifender Veränderungsprozess bevorsteht (wie etwa die nachhaltige Transformation), löst dies oft eine **Schockreaktion** aus. Die wahrgenommene eigene Kompetenz sinkt, da die betroffenen Personen noch nicht genau wissen, wie sie reagieren und die neuen Herausforderungen bewältigen sollen. Nachdem sich Körper und Geist von dem Schock erholt haben (**Phase der internen Verarbeitung**), zeigen viele Betroffene zunächst **Ablehnung** oder ziehen sich zurück. Mit diesem Verhalten steigt die wahrgenommene Kompetenz wieder an, da nun scheinbar eine Lösung besteht: Widerstand leisten. Für Führungskräfte kann dieses Verhalten der Mitarbeiter überraschend auftreten. Es ist jedoch wichtig zu verstehen, dass diese Abwehr dem ganz normalen menschlichen Verhalten im Rahmen eines Change-Prozesses entspricht.

Idealerweise folgt auf die Phase der Ablehnung, gestützt durch bereitgestellte Informationen, die **rationale Akzeptanz** der Situation. Dabei fügen sich die betroffenen Personen rational in ihre Situation ein, haben sie aber emotional noch nicht verarbeitet. Im Idealfall folgt auf die rationale Akzeptanz eine **emotionale Akzeptanz** der Situation. Der Chief Sustainability Officer und alle weiteren Führungskräfte sind hier aufgefordert, für sich und ihre Teams möglichst zügig diese Phase zu erreichen.

Anschließend sollten **Lernphasen** folgen, um die Belegschaft auf die neuen Aufgaben und Herausforderungen einer nachhaltigen Unternehmensführung vorzubereiten (**Phase des Trainings/Coachings**). Dafür müssen im Change-Prozess entsprechende Angebote unterbreitet werden, da das Lernen nicht von selbst geschieht. Nach mehreren Lernphasen wird idealerweise ein **Commitment**, ein rationales und emotionales „Ja" zur Veränderung erreicht. Dies bildet die Voraussetzung für die **Integration** der neuen Herausforderungen – und erst dann wird die **Phase des Performings** erreicht. Abhängig vom Umfang der Veränderung kann dieser Prozess mehrere Monate oder sogar Jahre dauern.

Für einen erfolgreichen Ablauf des Change-Prozesses sollten Sie als Chief Sustainability Officer zusammen mit dem CEO oder der Geschäftsführung den **Startschuss für den Change-Prozess** in Richtung nachhaltiger Unternehmensführung geben. Es ist wichtig, klare Ziele und Handlungsnotwendigkeiten zu formulieren – bspw. durch das schon mehrfach angesprochene Storytelling. Zusätzlich ist es unerlässlich, dass die Beiträge auch und gerade des Top-Managements für den Change-Prozess kontinuierlich sichtbar werden. Den Worten müssen entsprechende Taten folgen. Der CSO ist der unverzichtbare **Mentor** aus der Unternehmensleitung, der den gesamten Veränderungsprozess – 24/7 – unterstützt und dabei hilft, Hindernisse zu überwinden, die im Zuge des Change-Prozesses unweigerlich auftreten.

Der CSO muss in jeder Phase des Chance-Prozesses sichtbar und ansprechbar sein. Eine kontinuierliche Kommunikation der **Change-Verantwortlichen** in den verschiedenen Bereichen des Unternehmens mit dem CSO ist erforderlich, um eine laufende Unterstützung sicherzustellen. Gleichzeitig sollten die gemeinsam definierten Meilensteine überprüft werden, um bei Nichterreichung gegensteuern zu können.

▶ **Nachhaltig handeln** Der **Chief Sustainability Officer** ist der Motor der nachhaltigen Transformation. Er muss – über den gesamten Change-Prozess hinweg – Energie in den Prozess einbringen, um die Teams und das Unternehmen insgesamt auch bei Widerständen und Misserfolgen auf Kurs bleiben.

▶ **Nachhaltig merken** Der Erfolg und die Wertschätzung eines CSOs hängen davon ab, wie gut dieser die verschiedenen Rollen ausfüllen kann.

Literatur

Baumgarth C, Binckebanck L (2018) CSR-Markenführung im B-to-B-Umfeld – Modell und Fallbeispiele. In: Baumgarth C (Hrsg) B-to-B-Markenführung. Grundlagen – Konzepte – Best Practice, 2. Aufl. Springer Gabler, Wiesbaden, S 289–302
Bitkom (2022) 9 von 10 Unternehmen setzen ihre Klimaziele mit digitalen Technologien um. https://www.bitkom.org/Presse/Presseinformation/Digitalisierung-und-Klimaschutz-in-Wirtschaft-2022. Zugegriffen am 27.07.2022
Bundesverband Nachhaltige Wirtschaft e.V. (2022) Corporate Sustainability Reporting Directive (CSRD). https://www.bnw-bundesverband.de/corporate-sustainability-reporting-directive-csrd/#1651070161554-3e93d19b-251d. Zugegriffen am 06.07.2023
Colsmann B (2016) Nachhaltigkeitscontrolling – Strategien, Ziele, Umsetzung, 2. Aufl. Springer Gabler, Wiesbaden
European Commission (2021) Questions and Answers: Corporate Sustainability Reporting Directive Proposal. Brussels
European Commission (2023) Europäischer Grüner Deal, Erster klimaneutraler Kontinent werden. https://commission.europa.eu/strategy-and-policy/priorities-2019-2024/european-green-deal_de. Zugegriffen am 03.07.2023
Fuchs WT (2021) Crashkurs Storytelling: Grundlagen und Umsetzungen. Haufe, Freiburg
Grunwald G, Schwill J (2022) Nachhaltigkeitsmarketing. Schäffer Poeschel, Stuttgart
von Hehn S, Cornelissen NI, Braun C (2022) Kulturwandel in Organisationen: Ein Baukasten für angewandte Psychologie im Change-Management. Springer, Wiesbaden
IKEA (2023) IKEA Zweite Chance. https://www.ikea.com/de/de/zweitechance/. Zugegriffen am 03.07.2023
Kaplan RS, Norton DP (1997) Balanced Scorecard, Strategien erfolgreich umsetzen. Schäffer-Poeschel, Stuttgart
Konfuzius (2022) Gespräche des Konfuzius: Die Analekten des Konfuzius. Gröls, Oberursel
Kreher M, Gnändiger J-H (2022) Erhöhte Anforderungen an ESG-Berichterstattung. Börsen-Zeitung. https://www.boersen-zeitung.de/unternehmen-branchen/erhoehte-anforderungen-an-esg-berichterstattung-341cfc12-a134-11ec-8ac6-554b894b6cb7. Zugegriffen am 06.06.2022
Kreislaufwirtschaftsgesetz (2021) Gesetz zur Förderung der Kreislaufwirtschaft und Sicherung der umweltverträglichen Bewirtschaftung von Abfällen. https://www.gesetze-im-internet.de/krwg/BJNR021210012.html. Zugegriffen am 07.07.2023
Kreutzer RT (2021) Toolbox Digital Business. Springer Gabler, Wiesbaden
Kreutzer RT (2023) Der Weg zur nachhaltigen Unternehmensführung. Springer Gabler, Wiesbaden
Kubler-Ross E (1969) On death and dying. Touchstone, New York
Lauer T (2019) Change Management: Grundlagen und Erfolgsfaktoren, 3. Aufl. Springer Gabler, Wiesbaden

Oesterreich B, Schröder C (2019) Agile Organisationsentwicklung: Handbuch zum Aufbau anpassungsfähiger Organisationen. Vahlen, München

Peterson M (2021) Sustainable Marketing, 2. Aufl. Sage, London

Pyczak T (2023) Tell me!: Wie Sie mit Storytelling überzeugen. Zahlreiche Praxisbeispiele für alle, die erfolgreich sein wollen in Beruf, PR und Marketing. Rheinwerk, Bonn

Rometsch K (2021) 10 Arten von Nudges aus dem Alltag. https://www.die-debatte.org/nudging-listicle/. Zugegriffen am 01.07.2023

Schaltegger S (2023) Nachhaltigkeitscontrolling. https://www.controlling-wiki.com/de/index.php/Nachhaltigkeitscontrolling. Zugegriffen am 04.07.2023

Schiersmann C, Thiel H-U (2018) Organisationsentwicklung: Prinzipien und Strategien von Veränderungsprozessen, 5. Aufl. Springer, Wiesbaden

Thaler RH, Sunstein CR (2010) Nudge: Wie man kluge Entscheidungen anstößt. Ullstein, Berlin

Umweltbundesamt (2022) Ökobilanz. https://www.umweltbundesamt.de/themen/wirtschaft-konsum/produkte/oekobilanz. Zugegriffen am 15.09.2022

Weigand H (2020) Green Marketing – nachhaltig erfolgreich. In: Stumpf M (Hrsg) Die 10 wichtigsten Zukunftsthemen im Marketing, 2. Aufl. Haufe, Freiburg, S 47–69

4 Das Haus der nachhaltigen Transformation als Handlungsrahmen

Das in Abb. 4.1 zu sehende **Haus der nachhaltigen Transformation** fasst die bereits aufgezeigten Handlungsfelder noch einmal zusammen. Startpunkt ist immer eine umfassende **Ermittlung des Status quo**. Die notwendige Analyse muss die interne Ausgangssituation erfassen und auch die Kunden und Wettbewerber in die Analyse einschließen.

Im weiteren Verlauf ist eine **ökologisch, sozial und ökonomisch nachhaltige Unternehmensstrategie** zu entwickeln. Für deren Umsetzung ist es unverzichtbar, das **Mindset** und lieb gewordene **Gewohnheiten** des Unternehmens und seiner Leistungsträger zu verändern.

Dann gilt es, **Prozesse, Produkte und Dienstleistungen** auf mehr Nachhaltigkeit zu „trimmen". Schließlich kann geprüft werden, ob Möglichkeiten für eine **Arrondierung der bestehenden Geschäftsaktivitäten** erschlossen werden können. Gegebenenfalls können auch **Geschäftsmodellinnovationen** rund um das Thema Nachhaltigkeit entwickelt werden.

Bei all diesen Aktivitäten, die ein CSO vorantreiben muss, sind die folgenden **Erfolgsfaktoren** zu berücksichtigen:

- Uneingeschränkter Support vom C-Level bzw. von der Geschäftsführung
- Unterstützung durch die weiteren Führungskräfte des Unternehmens
- Ausreichende Ressourcen (Budget, Personal, Verantwortung, Gestaltungskraft und „Beinfreiheit")
- Koordination und Integration der verschiedenen Maßnahmen über das gesamte Unternehmen
- Umfassende Kommunikation und Transparenz, um Vertrauen bei den Stakeholdern und in der Öffentlichkeit aufzubauen

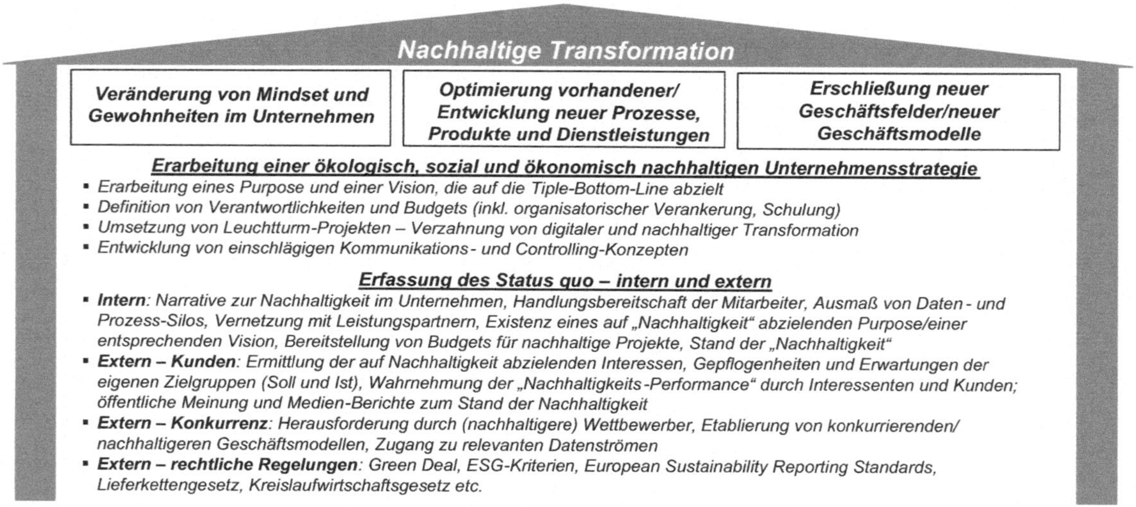

Nachhaltige Transformation

Veränderung von Mindset und Gewohnheiten im Unternehmen

Optimierung vorhandener/ Entwicklung neuer Prozesse, Produkte und Dienstleistungen

Erschließung neuer Geschäftsfelder/neuer Geschäftsmodelle

Erarbeitung einer ökologisch, sozial und ökonomisch nachhaltigen Unternehmensstrategie

- Erarbeitung eines Purpose und einer Vision, die auf die Triple-Bottom-Line abzielt
- Definition von Verantwortlichkeiten und Budgets (inkl. organisatorischer Verankerung, Schulung)
- Umsetzung von Leuchtturm-Projekten – Verzahnung von digitaler und nachhaltiger Transformation
- Entwicklung von einschlägigen Kommunikations- und Controlling-Konzepten

Erfassung des Status quo – intern und extern

- **Intern**: Narrative zur Nachhaltigkeit im Unternehmen, Handlungsbereitschaft der Mitarbeiter, Ausmaß von Daten- und Prozess-Silos, Vernetzung mit Leistungspartnern, Existenz eines auf „Nachhaltigkeit" abzielenden Purpose/einer entsprechenden Vision, Bereitstellung von Budgets für nachhaltige Projekte, Stand der „Nachhaltigkeit"
- **Extern – Kunden**: Ermittlung der auf Nachhaltigkeit abzielenden Interessen, Gepflogenheiten und Erwartungen der eigenen Zielgruppen (Soll und Ist), Wahrnehmung der „Nachhaltigkeits-Performance" durch Interessenten und Kunden; öffentliche Meinung und Medien-Berichte zum Stand der Nachhaltigkeit
- **Extern – Konkurrenz**: Herausforderung durch (nachhaltigere) Wettbewerber, Etablierung von konkurrierenden/ nachhaltigeren Geschäftsmodellen, Zugang zu relevanten Datenströmen
- **Extern – rechtliche Regelungen**: Green Deal, ESG-Kriterien, European Sustainability Reporting Standards, Lieferkettengesetz, Kreislaufwirtschaftsgesetz etc.

Abb. 4.1 Haus der nachhaltigen Transformation

4 Das Haus der nachhaltigen Transformation als Handlungsrahmen

▶ **Nachhaltig handeln** Alle Leistungsträger, die an der nachhaltigen Transformation des eigenen Unternehmens interessiert sind, sollten den Chief Sustainability Officer bei seiner anspruchsvollen Arbeit unterstützen.

5 Welche Unternehmen beschäftigen heute schon einen Chief Sustainability Officer?

Eine Studie von **PwC** (2022) befragte 1640 Unternehmen aus 62 Ländern und führte qualitative Interviews mit ausgewählten Chief Sustainability Officers durch. Hierbei wurden folgende Erkenntnisse gewonnen:

- Etwa 30 % der Unternehmen haben eine **CSO-Rolle** auf erster oder zweiter Führungsebene. Weitere 49 % beschäftigen einen „**CSO light**", der auf niedrigerer Ebene agiert oder einen begrenzteren Wirkungsbereich aufweist.
- **Frankreich** (57 %), die **USA** (47 %), **Indien** (44 %), **Großbritannien** (37 %) und **Deutschland** (35 %) weisen die höchsten Quoten bei CSOs auf.
- Im Jahr 2021 wurden 68 **CSO-Ernennungen** verzeichnet. Das sind mehr Ernennungen als in den fünf vorangegangenen Jahren zusammen.
- **Branchen mit hohem Energieverbrauch**, wie die Konsumgüterindustrie (50 %), die Chemiebranche (45 %) und die Öl- und Gasindustrie (42 %), sind Vorreiter bei der CSO-Besetzung.
- **Banken** weisen zu 25 % einen CSO und zu 47 % einen „**CSO light**" auf.
- Die **Rolle des CSO** hat sich in den letzten Jahren immer stärker von einem **kommunikativen Fokus** hin zu einer **strategischen Funktion** mit breitem Nachhaltigkeitswissen gewandelt, die alle Unternehmensbereiche betrifft.
- 98 % der **Unternehmen mit hohen ESG-Scores** verfügen über einen CSO oder „CSO light", während 52 % der **Unternehmen mit niedrigen ESG-Scores** keinen CSO aufweisen.

- Bei der **CSO-Besetzung** ziehen Unternehmen weltweit meist **interne Kandidaten** vor (59 %).
- Fast die Hälfte (48 %) der ernannten CSOs sind **Frauen**.

Nachfolgend werden ausgewählte Unternehmen vorgestellt, die einen Chief Sustainability Officer beschäftigen. Ein Anspruch auf Vollständigkeit wird hierbei nicht erhoben. Vielmehr soll gezeigt werden, dass diese Position in ganz unterschiedlichen Branchen verankert ist.

Deutsche Telekom
Die Position des **Vice President Group Corporate Responsibility** bei der *Deutschen Telekom* hat eine wichtige Rolle im **Klimaschutz**. Eine Kernaufgabe besteht darin, den Austausch zwischen Vertretern aus Politik, Wirtschaft und Gesellschaft zu fördern, da gemeinsame Anstrengungen entscheidend für das Erreichen der Klimaschutzziele sind. Zusätzlich liegt ein Schwerpunkt auf der Förderung von Vielfalt und der Integration unterschiedlicher Perspektiven in die Diskussionen über Nachhaltigkeit.

Die Aufgabe des Vice President Group Corporate Responsibility ist es auch, **anspruchsvolle Klimaziele** zu formulieren und Nachhaltigkeitsthemen in die **Unternehmensstrategien** zu integrieren. Hierzu gehört die **Umsetzung umfassender Klimaschutzmaßnahmen**, die sowohl groß angelegte Initiativen als auch die täglichen Entscheidungen und Handlungen jedes Einzelnen umfassen. Außerdem gilt es die Kunden zu unterstützen, um deren CO_2-Emissionen zu reduzieren (vgl. Kubin-Hardewig 2023).
Diese Position wird im Jahr 2023 ausgefüllt von *Melanie Kubin-Hardewig*.

Nestlé
Der *Nestlé* **Group Head of ESG, Sustainability Strategy and Deployment** leitet die gruppenweite Arbeit in den Bereichen Umwelt, Soziales und Unternehmensführung (ESG). Die Stelleninhaberin bringt eine 20-jährige Erfahrung in der Konsumgüterindustrie mit. In dieser Zeit leitete sie die Bereiche Beschaffung, Verpackung und Nachhaltigkeit auf lokaler, regionaler und globaler Ebene. Diese Erfahrung hat sie von dem kritischen Wert überzeugt, den Nachhaltigkeit generieren kann. Sie arbeitet intensiv mit anderen **Nachhaltigkeitsfachleuten** aus dem öffentlichen und dem privaten Bereich zusammen. Hierfür strebt sie eine offene Diskussion über Herausforderungen und Strategien einer nachhaltigen Unternehmensführung an (vgl. Wanner 2023).

Der *Nestlé* Group Head of ESG, Sustainability Strategy and Deployment war im Jahr 2023 *Antonia Wanner*.

Nike
Der **Chief Sustainability Officer** bei *Nike* leitet das **Team für globale Nachhaltigkeit**, das sich dem Schutz unseres Planeten verschrieben hat. Hier gilt es, eine Umgebung zu bewahren, in der alle Athleten trainieren, leben und gedeihen können. Der CSO leitet die Bemühungen des Unternehmens, in allen Aspekten des Geschäfts Nachhaltigkeit zu fördern, einschließlich der **Entwicklung umweltfreundlicher Produkte** und der **Minimierung des ökologischen Fußabdrucks der Produktionsprozesse**.

Vor dieser Position war der CSO für nachhaltige Fertigung und Beschaffung zuständig und arbeitete mit Geschäftseinheiten, Führungskräften von Vertragsfabriken, Vertretern aus Wissenschaft und NGO-Gemeinschaften zusammen. Ziel war es, die Richtlinien der Unternehmensführung auf Nachhaltigkeit auszurichten (vgl. Meaningful Business 2023).

Diese Position wird im Jahr 2023 von *Noel Kinder* ausgefüllt.

Siemens
Der **Chief People and Sustainability Officer** von *Siemens* verbindet die Belange der Mitarbeiter mit den Nachhaltigkeitszielen des Unternehmens. Hier wird betont, dass Vertrauen und Verantwortung die Grundlage dafür sind, dass Menschen und Organisationen erfolgreich agieren können. Hierzu strebt der CPSO danach, eine inklusive und ermächtigende Kultur zu fördern, die den Weg für eine kontinuierliche Transformation ebnet. Dabei steht die Schaffung einer unterstützenden, inklusiven und lernfördernden Umgebung im Mittelpunkt.

Der Chief People and Sustainability Officer ist überzeugt, dass in einer solchen Umgebung die Menschen optimal arbeiten und einen wertvollen Beitrag leisten können. Es wird die Ansicht vertreten, dass das, was gut für das Geschäft ist, auch gut für Menschen und den Planeten sein muss. Die Verantwortung des Unternehmens besteht darin, zur Erreichung der *Sustainability Goals* der *Vereinten Nationen* beizutragen (vgl. Kap. 1). Dies geschieht durch die Bereitstellung von Produkten und Lösungen, durch verantwortungsvolle Geschäftspraktiken, strategische Partnerschaften und gezielte Gemeinschaftsaktivitäten (vgl. Wiese 2023).

Das übergeordnete Ziel ist es, die **Nachhaltigkeitsambitionen** von *Siemens* zu beschleunigen, um die größten Herausforderungen der Welt zu lösen. Dieser Chief

Officer spielt eine zentrale Rolle bei der Gestaltung einer nachhaltigeren und menschenzentrierten Zukunft für *Siemens*.
Im Jahr 2023 wird diese Position von *Judith Wiese* ausgefüllt.

Unilever
Der Chief Sustainability Officer von *Unilever* hat die Aufgabe, das Unternehmen zu mehr Nachhaltigkeit zu führen, einschließlich einer Kreislaufwirtschaft. Er berät strategisch zu **Advocacy-Fragen**. Diese beziehen sich auf Themen, bei denen sich ein Individuum, eine Organisation oder eine Gruppe für bestimmte Anliegen, Rechte oder Interessen einsetzt, um Änderungen oder Verbesserungen auf politischer, gesellschaftlicher oder wirtschaftlicher Ebene herbeizuführen. Dies umfasst Themen wie Klimaschutz, erneuerbare Energien, verantwortungsvolle Ressourcennutzung oder faire Handelspraktiken. Diese sind Teil der Advocacy-Arbeit im Bereich Nachhaltigkeit.

Der CSO von *Unilever* entwickelt auch **strategische Partnerschaften** mit Organisationen und Regierungen. Er wirkt maßgeblich an der Erreichung wichtiger Nachhaltigkeitsziele mit, die bspw. mit dem *Pariser Abkommen* von 2015 und den *Sustainability Goals* der *Vereinten Nationen* definiert wurden (vgl. Kap. 1).

Darüber hinaus förderte der CSO hier **Wasser-Stewardship-Programme**. Hierunter wird eine nachhaltigkeitsorientierte Initiative verstanden, die eine verantwortungsbewusste Nutzung und den Schutz von Wasserressourcen fördert. Diese Programme implementieren Maßnahmen, um die Wassereffizienz in Organisationen zu erhöhen und somit den Gesamtwasserverbrauch zu senken. Darüber hinaus tragen sie zum Schutz von Wasserquellen bei, um die langfristige Verfügbarkeit sauberen Wassers für Gemeinschaften sicherzustellen. Ein weiterer wichtiger Aspekt dieser Programme ist die **Bildungs- und Sensibilisierungsarbeit**. Sie zielen darauf ab, das Bewusstsein für den Wert und die Bedeutung von Wasser in der Öffentlichkeit zu schärfen und für nachhaltige Praktiken zu sensibilisieren.

2023 hat *Rebecca Marmot* diese Position inne.

Literatur

Kubin-Hardewig M (2023) Vice President Group Corporate Responsibility Deutsche Telekom AG. https://www.telekom.com/de/blog/melanie-kubin-hardewig-629170. Zugegriffen am 06.07.2023

Meaningful Business (2023) Noel Kinder, Chief Sustainability Officer, Nike. https://www.meaningful.business/team/noel-kinder/. Zugegriffen am 04.07.2023

Literatur

PWC (2022) Die Rolle des Chief Sustainability Officers und strategische Fragen zu ESG, die sich Führungskräfte von Energieversorgungsunternehmen jetzt stellen sollten. https://blogs. pwc.de/de/sustainability/article/232767/die-rolle-des-chief-sustainability-officers-und-strategische-fragen-zu-esg-die-sich-fuehrungskraefte-von-energieversorgungsunternehmen-jetzt-stellen-sollten/. Zugegriffen am 06.07.2023

Wanner A (2023) LinkedIn. https://www.linkedin.com/in/antonia-wanner/. Zugegriffen am 06.07.2023

Wiese J (2023) LinkedIn Profil. https://www.linkedin.com/in/judith-wiese-542b4436/?originalSubdomain=de. Zugegriffen am 06.07.2023

Qualifikationsprofil eines Chief Sustainability Officers 6

In den vorhergehenden Kapiteln wurde deutlich, dass ein Chief Sustainability Officer eine entscheidende Rolle dabei spielt, ein Unternehmen nachhaltiger zu gestalten. Dies erfordert eine Vielzahl von Fähigkeiten, Erfahrungen und persönlichen Eigenschaften. Ein umfassendes **Qualifikationsprofil für einen Chief Sustainability Officer** könnte wie folgt aussehen:

Ausbildung und Erfahrung
- **Hochschulabschluss**
  Ein Abschluss in Umweltwissenschaften, Betriebswirtschaft, Ingenieurwesen oder einem verwandten Feld ist wünschenswert. Ein Masterabschluss oder eine höhere Qualifikation kann bevorzugt werden.
- **Berufserfahrung**
  Mehrjährige Erfahrung in einer Führungsposition, vorzugsweise mit einem Schwerpunkt auf Nachhaltigkeit oder verwandten Bereichen.
- **Branchenkenntnisse**
  Tiefgreifendes Verständnis der jeweiligen Branche und ihrer spezifischen Herausforderungen im Bereich Nachhaltigkeit.
- **Projektmanagement**
  Erfahrung in der Leitung von Projekten, vor allem auch im Bereich Nachhaltigkeit.

Fachkenntnisse
- **Nachhaltigkeitsexpertise**
  Aktuelles Wissen über nachhaltige Praktiken, einschließlich relevanter Gesetze, Vorschriften und Standards.

- **Strategische Planung**
  Fähigkeit, strategische Ziele und Strategien zu entwickeln und die Implementierung konsequent zu begleiten.
- **Chancen- und Risikomanagement**
  Verständnis für die Chancen und Risiken, die ein Streben nach Nachhaltigkeit mit sich bringen, und die Fähigkeit, diese zu managen.

Soft Skills
- **Führungsqualitäten**
  Starke Führungsqualitäten sind unverzichtbar, um Teams zu leiten und andere im Unternehmen zur Unterstützung von Nachhaltigkeitsinitiativen zu motivieren und Blockaden zu überwinden.
- **Kommunikationsfähigkeiten**
  Ausgeprägte Kommunikationsfähigkeiten, um Nachhaltigkeitsziele und -pläne intern und extern zu kommunizieren. Hier gilt es nicht nur die Köpfe, sondern auch die Herzen der Menschen zu erreichen (Stichwort Storytelling).
- **Verhandlungsgeschick**
  Fähigkeit, Verhandlungen mit verschiedenen Stakeholdern zu führen, um nachhaltige Ziele zu erreichen. Hierbei wird es oft zu Trade-offs kommen müssen, die intern und extern zu „verkaufen" sind.
- **Problemlösungskompetenz**
  Fähigkeit, komplexe Probleme zu analysieren und kreative, nachhaltige Lösungen zu finden. Hierbei gilt es immer wieder, die Gestaltungsräume auszuleuchten, die von den rechtlichen Rahmenbedingungen definiert werden.

Persönliche Eigenschaften
- **Leidenschaft für Nachhaltigkeit**
  Ein tiefes persönliches Engagement für Nachhaltigkeit ist unerlässlich, um auch bei vielen internen und externen Widerständen und möglichen Misserfolgen auf Kurs zu bleiben. Außerdem hat schon der Kirchenvater *Augustinus* formuliert:

Nur wer selbst brennt, kann Feuer in anderen entfachen.
  Begeisterungsfähigkeit gilt gerade auch bei der nachhaltigen Unternehmensführung als Tugend!

- **Anpassungsfähigkeit**
 Die Fähigkeit, sich an sich schnell ändernde Geschäfts- und Umweltbedingungen anzupassen, ist ebenfalls wichtig. Schließlich sind nicht nur die Gesetzgeber, sondern auch die Kunden und Wettbewerber immer wieder für Überraschungen gut.
- **Integrität**
 Die Einhaltung hoher ethischer Standards und die Fähigkeit, ein Vorbild für andere im Unternehmen zu sein, sind von großer Bedeutung. Hier gilt einmal mehr „Walk the talk" – den Worten auch Taten folgen lassen. Die Integrität ist auch deshalb entscheidend, weil der CSO viele Projekte nur in enger Abstimmung mit den anderen Vertretern des C-Levels erreichen kann. Hier müssen Verlässlichkeit und Vertrauen die zentrale Währung sein.
- **Visionär**
 Die Fähigkeit, eine langfristige Vision für nachhaltiges Wirtschaften im Unternehmen zu entwickeln und zu kommunizieren, sollte stark ausgeprägt sein.

Dieses Anforderungsprofil ist nur ein Ausgangspunkt für ein unternehmensspezifisch zu schärfendes Profil. Es ist folglich den spezifischen Bedürfnissen und Zielen eines jeden Unternehmens anzupassen.

▶ **Nachhaltig merken** Es wurde noch kein Mensch als Chief Sustainability Officer geboren. Jeder, der heute ein solche Funktion ausfüllt, hat einmal als Nachwuchsführungskraft begonnen und sich über die Jahre die für diese Position notwendigen Fähigkeiten angeeignet.

Das schaffen Sie auch: mit Begeisterung, Neugierde, Disziplin und dem Willen, immer wieder Neues zu erlernen!

Nachhaltige Erkenntnisse

- Jedes Unternehmen ist gut beraten, einen **Chief Sustainability Officer** einzustellen, um eine nachhaltige Unternehmensführung zu erreichen.
- Der CSO muss bei der nachhaltigen Transformation **verschiedene Rollen** einnehmen.
- Die nachhaltige Transformation ist ein **Teamaufgabe** – mit dem CSO als zentralem Akteur.
- Die **rechtlichen Anforderungen** in Richtung „Nachhaltigkeit" verschärfen sich kontinuierlich; hier ist ein umfassendes Monitoring der Gesetzgebungsverfahren notwendig.
- Der **Prozess der nachhaltigen Transformation** wird **nie zu Ende** sein.

Stichwortverzeichnis

A
Ablehnung 59
Advocacy 70
Akzeptanz
  Emotionale 60
  Rationale 60
Amazon Marketplace 30
Analyse der Nachhaltigkeitscompliance 53
Arrondierung des bestehenden
  Geschäftsmodells 30
Audit zum Risiko-Management 45

B
Balanced Scorecard 51
Balanced Scorecard mit Nachhaltigkeits-
  modul 51–53

C
Carbon Footprint *siehe* CO_2-Fußabdruck
Change-Management 57, 59
  Phasen eines Change-Prozesses 59
  Segmentierung von Personen 58
  Verlauf eines Change-Management-
    Prozesses 59
Chief Financial Officer 2
Chief Human Resources Officer 2
Chief Information Officer 2
Chief Marketing Officer 2
Chief Operations Officer 2
Chief Sales Officer 2
C-Level 2
CO_2-Fußabdruck 47
  Corporate Carbon Footprint 47
  Product Carbon Footprint 47
Commitment 60
Corporate Sustainability Reporting
  Directive 24
Cradle-to-Cradle-Konzept 9, 10
Cradle to Grave 9

D
Default-Werte 40
Denken und Handeln über den eigenen
  Verantwortungsbereich
  hinaus 36
Deutsche Telekom 68
DIN EN ISO 14040 46
DIN EN ISO 14044 46
Downcycling 29
Dreifache Bilanz für nachhaltige
  Wirtschaft 11

© Der/die Herausgeber bzw. der/die Autor(en), exklusiv lizenziert an
Springer Fachmedien Wiesbaden GmbH, ein Teil von Springer Nature 2023
R. T. Kreutzer, *Die Rollen des Chief Sustainability Officers*, Edition
Nachhaltig wirtschaften, https://doi.org/10.1007/978-3-658-42749-8

E

Earth Overshoot Day 5, 6
Earth Overshoot Day nach Ländern 7
Eco-Score 39
Ehrlichkeit 35
Emissionen
   Direkte 49
   Indirekte 49
Environment 22
Erdüberlastungstag *siehe* Earth Overshoot Day
Erfolgsfaktoren 63
Erlebnislücke 45
ESG-Kriterien 22

F

Finanz- und Reputationsrisiken 26
Finanzielle Perspektive 51

G

Gefühl des Wohlbefindens 42
Gegner 58
Geplante Obsoleszenz 9
Geplante Veralterung *siehe* Geplante Obsoleszenz
Geschäftsmodellinnovationen 32
Geschichte der Nachhaltigkeit 16
Geschlossene Materialkreisläufe 10
Glaubwürdigkeit 35
Glaubwürdigkeitslücke 45
Global Footprint Network 6
Governance 22
Green Branding 33
Green Compliance *siehe* Nachhaltigkeitscompliance
Greenhouse Gas Protocol 49
Green Marketing 33
Greenwashing 34, 35
Grüne Angebotsgestaltung 37
Grüne Kommunikation 42
Grüne Kommunikation ohne erhobenen Zeigefinger 38

Grüne Markenführung
   Controlling 50
Grünes Controlling *siehe* Nachhaltigkeitscontrolling
Grünes Geschäftsmodell 37
Grünes Monitoring *siehe* Nachhaltigkeitsmonitoring
Guidelines einer grünen Markenführung 35, 36

H

Haus der nachhaltigen Transformation 63

I

IKEA 31
IKEAs Zweite Chance-Programm 31
Impulsgeber 26
Integration 60
Intergovernmental Panel on Climate Change (IPCC) 5
ISO-Standard 14040:2006 46

J

John F. Kennedy 41

K

Key Performance Indicators (KPIs) 43
Klimarat *siehe* Intergovernmental Panel on Climate Change (IPCC)
Kommunikation der grünen Elemente 38
Konfuzius 41
Kreislaufwirtschaft 9, 10, 27, 30
Kreislaufwirtschaftsgesetz 25
Kundenperspektive 52

L

Lebenszyklusanalyse 45
Lernphasen 60

Stichwortverzeichnis

Lieferkettengesetz 22
Lieferkettensorgfaltspflichtengesetz 22
Life Cycle Assessment *siehe*
    Lebenszyklusanalyse
Linear Economy *siehe* Linearwirtschaft
Linearwirtschaft 8, 9
Motto 9
Lust auf Nachhaltigkeit 42
Lust-Kommunikation 42

M
Marketing-Dompteur 33
Mentor 60
Mitarbeit in (internationalen)
    Organisationen 33
Mitarbeiterperspektive 52

N
Nachhaltigkeitsbotschaften 20
Nachhaltigkeitscompliance 53
Nachhaltigkeitscontrolling 43
Nachhaltigkeitskommunikation 42
Nachhaltigkeitsmonitoring 43
Nachhaltigkeitsorganisation 33
Nachhaltigkeitsperspektive 52
Nachhaltigkeits-Start-up 33
Nestlé 68
Nike 69
Non-Financial Reporting Directive 24
Nudging 38, 39
    Appell an die eigenen Möglichkeiten
        und Fähigkeiten 41
    Arten 39
    Ausweis der Produktbestandteile 39
    Ausweis einer Produktbewertung 39
    Einsatz von Symbolen 39
    Hinweis auf soziale Normen 40
    Platzierung 40
    Sinn stiften 41
    Unmittelbares Feedback 41
    Voreinstellungen 40
    Warnhinweise 40
Nutri-Score 39

O
Öko-Audit 44
Ökobilanz 45
Ökobilanz 47
    Analysefelder 47
    Erstellung 45
    Normen 46
    Ressourcenübergreifende Betrachtung 46
    Stoffstromintegrierte Betrachtung 46
Öko-Effektivität 10
Ökologischer Fußabdruck
    der Menschheit 5
    Erfassung und Ausgleich 50
Organisationsentwicklung 54, 57
    Prozess 54

P
People 11
Performing 60
Phase der internen
    Verarbeitung 59
Planet 11
Profit 11
Promotoren 59
Prozessperspektive 52
PwC-Studie 67

Q
Qualifikationsprofil 73
Quertreiber 58

R
Rechenzentren 32
Recht auf Reparatur 9
Rechtsumsetzer 21
Rechtsversteher 21
Recycling 29
Reduce 27
Refabrikation 28
Refurbishing 28
Refuse 26

Reimage 27
Remanufacturing 28
Repair 28
Repurpose 28
Reuse 27, 30
Rollenvielfalt des CSOs 15
9-R-Regel 26

S
Schockreaktion 59
Scope 1 49
Scope 2 49
Scope 3 49
Scoping 49
Selbstwirksamkeit 20, 41
Siemens 69
Social 22
Soziale Ungleichheit 8
Stakeholder-Konzept 51
Stakeholder-Onion-Modell 16, 17
Storyteller 16
  Erfolgsfaktoren 19
Sustainability-Controller 43
Sustainability-Statement 24
Sustainable Development Goals (SDGs) 1, 2

T
Training/Coaching 60
Transparenz über die eigene Wertschöpfungskette 36
Triple-Bottom-Line-Konzept 11, 12

U
Umsetzungslücke 45
Umweltbundesamt 47
Unilever 70
Upcycling 29

V
Verankerungslücke 44

W
Wasser-Fußabdruck 47
Wasser-Stewardship 70
Water Footprint *siehe* Wasser-Fußabdruck
Wegwerfwirtschaft 9
World Inequality Lab 8

Z
Zweifler 58